ロボットビジネス

ユーザーからメーカーまで楽しめるロボットの教養

安藤 健
Takeshi Ando

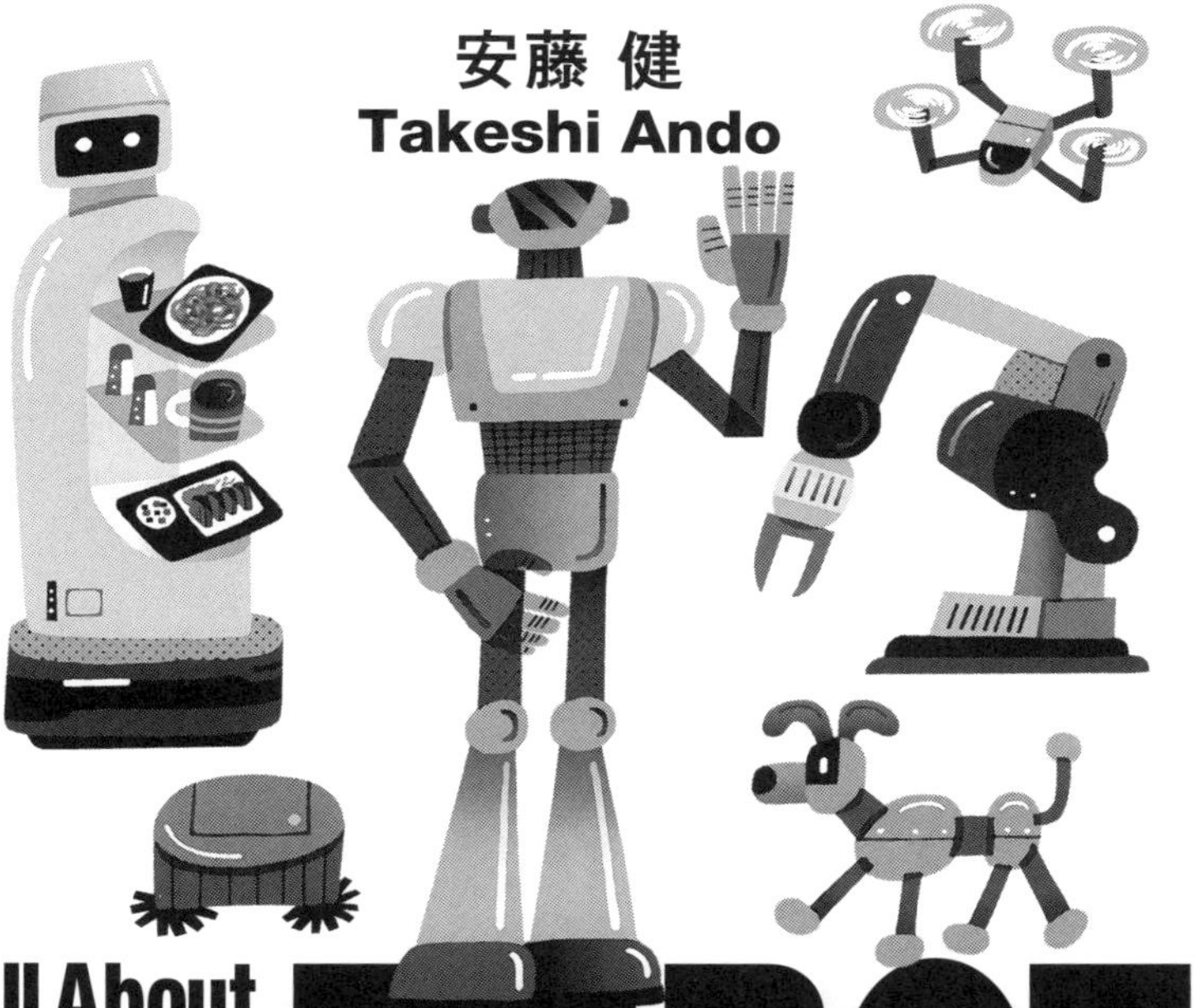

All About THE ROBOT BUSINESS

CROSSMEDIA PUBLISHING

はじめに
第4次ロボットブームの到来

現在、ロボット業界が大いに盛り上がっています。

イーロン・マスク氏は、人型ロボットの数が将来的に人間を上回り、人間の10倍に達する可能性があると述べています。2024年6月に世界最大の時価総額企業となったエヌビディア社のCEO、ジェンソン・ファン氏も、人型ロボットは将来、自動車くらい普及する可能性があると言っています。

そして、彼らは実際に、ロボットに関連する開発を急ピッチに進めているのです。

マスク氏が率いるテスラ社は、人型ロボットの開発を進め、2025年には社内での活用を、2026年には社外への販売を計画しています。一方、エヌビディア社は、世界中の大企業やスタートアップに対し、ロボット開発用のさまざまなプラットフォームを提供しています。この2社に限らず、数百億円という巨額の資金を調達する企業もアメリカや中国などを中心に世界中で現れています。

工場など限られた場所で使われることが多かったロボットですが、みなさんの身の回りにも普及し始めました。いまや数世帯に一世帯には掃除ロボットがあり、多くのファミリーレストランでも配膳ロボットが働いています。

もはやロボットはマンガやSFの世界だけのモノではなくなりました。

この背景にあるのは、先進国を中心とした「人口減少」と、それに伴う「人手不足」です。いくら探しても、そしていくら時給を上げても、アルバイトが集まらないという悩みは日常茶飯事となっています。

このような社会課題に加え、深層学習・生成AIを中心としたAI技術の急速な進展により、テレビやインターネットでロボットという言葉を聞かない日はなくなりました。

いまやロボットは「AIの次に来るテックトレンド」といっても過言ではありません。

ロボットも、AIと同じように私たちの生活と仕事を大きく変えていくのです。

では、このように注目を浴びるロボットとはいったい何なのでしょうか。

何を「ロボット」と定義するか、さまざまな議論がなされていましたが、ここでは経済産業省の定義を紹介します。これによれば、ロボットは「センサー、知能・制御系、駆動系の三つの要素技術を有する、知能化した機械システム」とされています。何かを測り、それをもとに考え、動くものはロボットということになります。

この定義によれば、二足歩行するヒューマノイドはもちろん、自動運転車やドローンなども周囲をセンシングしながら自律的に動いているため、ロボットと言えます。さらに拡大解釈すれば、汚れを検出して洗い方を変えるような洗濯機も、知能を有するロボットと呼んでもよいでしょう。

一方、自ら動くことがないスマートスピーカーや自動翻訳機などは、ロボットの定義から外れることになります。

私は、もともと大学の教員として理工学部や医学部でロボットに関する研究をおこなっていました。その後、電機メーカーでロボットの要素技術の開発から新規事業の開発の責任者を務めるようになりました。

これまでのキャリアでは、一貫して新しいロボットの社会実装を目指した取り組みを推進してきたと言えます。そのなかでは、一企業人としてロボットという商品を開発することはもちろん、東京オリンピック・パラリンピックでのロボット活用の検討や、お台場にある日本科学未来館でのロボットの常設展示の監修などもおこなってきました。

そのような経験から感じたことは、いま、世の中にない新しいロボットを社会に実装していくことは、イーロン・マスク氏やジェンソン・フアン氏などのテック系の著名人が発言すれば実現されるものではないということです。また、エンジニアがすごい技術を開発すれば実現されるわけでもありません。

むしろ、大切なのは、さまざまな生活者、さまざまな職業の人が関わることです。そうして初めて意味のあるかたちで、新たなロボットが社会に実装されていくのです。

実際、日本科学未来館の展示では、来訪者の方々に「ロボットに任せたいこと」や「ロボットではなく自分でやりたいこと」などを考え、発信していただく場を設けています。そこには、1年ほどで1万件を超えるアイデアが、さまざまな国の老若男女から寄せられました。

このように、人手不足と言われる社会のなかで一人ひとりが「何をロボットにしてもらいたくて、何をロボットにしてもらいたくないのか」、そして「人とロボットがどのように共生していけばいいのか」を考え、想いをかたちにしていく必要があるのです。

この本では、いま社会に普及しているロボットを説明するとともに、世界中で実現しつつある新しい取り組みも数多く紹介していきます。また、ロボット技術が体系的にわかるというよりも「ロボットビジネス」の現状を見渡せるような章構成にしました。

具体的には、第1章では飲食店、小売店舗などで身近で活躍するロボット、第2章では農林水産それぞれの分野で使われているロボットを事例として取り上げながら、ロボット活用のイメージをつかんでもらえるようになっています。第3章では家庭でも使えるコミュニケーションロボットの現状、第4章ではロボットの本流である工場での活用について歴史も少し含めて紹介しています。さらに、第5章では米中などによる国際的な競争、

第6章ではロボットを積極的に活用している企業であるアマゾンを通して活用の本質について触れ、第7章では少し技術的にはなりますが、今後重要となるＡＩがロボットの開発や活用に与える影響について考察しています。そして、第8章ではロボットのビジネスモデルについて、第9章では新しい働き方としての遠隔操作ロボットについて解説しています。

どの章から読んでいただいても理解できる構成になっていますので、興味があるところから読み進めていただければ幸いです。この本を通して、みなさんが「人とロボットが共生する社会」をどんなものとして創っていきたいかを考え、そして、可能であれば何らかのかたちでその実現に参加していただくきっかけになれば、とてもうれしいです。

「第4次ロボットブーム」と呼べる現在のタイミングこそ、このような問いに真正面から向き合っていくことが大切です。

一人ひとりが、ロボット技術とのかかわり方を考えることで、人とロボットのよりよい共生のかたちを実現することができる。私は、そう信じています。

第1章 飲食店から学ぶサービスロボットの世界

Chapter 1 : The World of Service Robots

第2章 自動搾乳から学ぶ農業ロボットの世界

Chapter 2 : The World of Agricultural Robots

第3章 ロボットの終活から学ぶ コミュニケーションロボットの世界

Chapter 3 : The World of Social Robots

第4章 スマートファクトリーから学ぶ産業用ロボットの世界

Chapter 4 : The World of Industrial Robots

第5章

Chapter 5 : The World of Cleaning Robots and Their Global Competition

掃除ロボットから学ぶ国際競争の世界

第6章 アマゾンから学ぶロボット活用の世界

Chapter 6 : The World of Robotics in Logistics and Supply Chain

第7章 ペットのウンチから学ぶAIロボットの世界

Chapter 7 : The World of Embodied AI

第8章 手術ロボットから学ぶビジネスモデルの世界

Chapter 8 : The World of Surgical Robots and Their Business Models

第9章 遠隔操作ロボットから学ぶ新しい働き方の世界

Chapter 9 : The World of Remotely Operated Robots and the Future of Work

第1章

飲食店から学ぶサービスロボットの世界

Chapter 1
The World of Service Robots

ALL ABOUT THE ROBOT BUSINESS

1 ドラえもんより先に普及したネコ型ロボット

「ぼく、ドラえもん」

ネコ型ロボットと言えば、22世紀からやってきた「ドラえもん」。日本のみならず、世界中で親しまれるドラえもんこそがネコ型ロボットの代表格という共通認識が打ち破られるかもしれません。22世紀を待たずとも、現在の21世紀にネコ型ロボットが登場しているからです。

その名は、「BellaBot《ベラボット》」。中国・深圳《しんせん》で生まれたこのロボットは、瞬く間に日本の飲食店を席巻しています。

ガストなどを経営するすかいらーくグループは、2022年に約3000台のベラボットを約２１００店舗に導入したことを発表し、ココスなどを運営するゼンショーグループも同じ会社の別のネコ型ロボットを約２０００台導入しています。これらのロボットは「配膳ロボット」と言われます。キッチンと客席テーブルの間を行き来し、調理された料理を運んだり、食べ終わったお皿を下げたりする役割を担っているのです。ロボットが動く仕組みは自動運転車と同じようなもので、周囲をセンシングし、人や障害物を避けながら目的地となるテーブルまで走行します。

逆に、自動運転車と違うのは、どうしても通れない場合には「通してほしいニャー」とネコ語（?）でお願いすることです。この他にも「充電してニャー」など多様な表現やインタラクションができるように設計されています。このようなデザインは、顧客の心を惹きつけ、寛容さを引き出す要因にもなっており、ＳＮＳ上では子どもや若者たちがロボットによる配膳を楽しんでいる様子が多く見受けられます。さらに、意外かもしれませんが、シニア世代もロボットに対して肯定的で、世代間の違いを調査したデータでは、シニアの抵抗感が全世代のなかで最も低い値を示しています。

一方、ロボットを導入する店舗側からすれば、配膳ロボットには大きな経済的なメリットがあります。月額5万円から高くても10万円以下で利用できるので、仮に平均的な飲食店として1日12時間30日稼働したとすると、時給は約１４０〜２８０円程度という換算になります。いままでは雇うことも難しくなってきたアルバイトの人件費と比べても、5分の1〜10分の1くらいのコストで労働力を確保できるのです。もちろん人件費以外の面でも効果があり、すかいらーくが公表しているデータによると、片付けの完了時間は35％削減され、店員の歩く歩数が42％減ったと言う結果も出ており、ランチの時間帯の顧客回転率も改善し、売上のアップにも寄与しています。

配膳というモノを運ぶ行為はなくてはならない作業ですが、基本的には競争力強化や顧客満足度といった付加価値を生みにくいタスクです。この時間をロボットに任せることで、従業員の空いた時間をお客さんへの接客などの、より価値を生みやすい業務に充てることができるようになるのです。実際に配膳ロボットを使用している店舗への調査によると、66・3％のスタッフが配膳業務の負担が減ったと感じており、49・5％が他の業務に時間を使えるようになったと回答しています。

このような配膳ロボットの導入は、２０１５年頃からホテルのルームサービスといった使われ方から始まりました。そして、新型コロナウイルスの蔓延に伴う非接触化の流れのなかで、ファミレスなどの飲食店を中心に導入が広がっています。２０２３年の時点で、配膳ロボットは、日本全国で年間９０００台ほど導入されています。この数が２０３０年頃には3万台程度まで増加するとも言われています。

さらに導入を促進するために国も支援しており、省人化・省力化、人手不足対策、ＤＸ推進という目的でさまざまな補助金を用意しています。たとえば、中小企業省力化投資補助金、通称「カタログ補助金」とも言われる制度では、必要費用の半額の補助がされるようになっており、企業がロボットを導入しやすくなっています。このような動きからも、国が本気でロボット導入に動いていることが読み取れます。

ベラボットのような配膳ロボットは、ロボットが単なる労働力の補完にとどまらず、顧客体験の向上や業務効率化に大きな可能性を秘めていることを証明しました。今後、技術の進化とともに、さらに多様な業務を担うロボットが登場してくることになります。いずれはドラえもんのように本当に自然に人と共存できるようになるかもしれません。そこまでいかなくても、ビジネスの現場では、こうしたロボットの活用が新たな競争力を生む鍵となっているのです。

ALL ABOUT THE ROBOT BUSINESS

2 調理ロボットが飲食店の常識を変える

お店でご飯を食べるとき、「誰がこの料理を作ったのだろうか？」と考えたことはありませんか。

「実はロボットが作っていた」

そんな時代が当たり前になるかもしれません。

2022年の北京冬季オリンピックで、世界中のメディアを驚かせたのは、選手村やメディアセンターに設置された最先端の調理ロボットでした。天井に張り巡らされたレールを縦横無尽に移動する配膳ロボットが、麺料理やハンバーガーを運んでくる光景は、まるでSF映画のワンシーン。

さらに驚かされたのは、これらのロボットが単に配膳だけでなく、調理までおこなっていたことです。ガラス張りの機械式キッチンでは、調理ロボットがハンバーガーのバンズを温め、パティを焼き、レタスとソースを挟み、パッケージまでおこないました。フライドポテトを作るロボットアームは、素早く動き、リズミカルな動きで油切りをするなど、まるでロボットシェフという姿でした。

これは、オリンピックという4年に1度の世界が注目する特別なイベントだから実現した話ではありません。日本の飲食店でも、ロボットによる調理が着々と進んでいます。

たとえば、全国に350店舗を展開する大阪王将ではいくつかの店舗で炒飯やレバニラなどの炒め物を自動で調理するロボットが活躍しています。熟練の職人技を徹底的に目指すことで、火加減・品質・味など、職人が調理したものと遜色がない料理が提供されます。ロボットを活用することで厨房内の人手を1人分程度減らし、飲食店における重要指標となる食材費と人件費の合計金額を示すＦＬコストを約10％削減することができています。さらに「レバニラ炒飯セット」といった従来は難しかった炒め物2品のロボットオリジナルセットメニューの提供や座席のタブレットから注文するときに「肉多め」「玉ねぎ少な目」など個人ごとに味をパーソナライズできるという特長もあり、単価や客数のアップにもつながっています。また、厨房内の温度も下がり、食材の飛び散りや湯煙も減少して床が汚れにくくなったことで、働きやすい厨房環境にもなります。さらには、フライパンを振る作業などは力が必要でしたが、ロボットを使うことにより、力の弱いシニアや女性にも活躍の場を広げられます。

そして、中華料理だけではなく、そばやパスタを自動で調理するロボットも登場し、忙しい飲食店での業務効率化に貢献しています。たとえば、プロントでは「麺の茹で、具材・ソースの供給、調理、鍋の移動・洗浄」を自動でおこなう調理ロボットが導入されています。画像認識技術によりパスタや具材などの状態を把握し、状況に合わせてハンドリングをおこなったり、人には難しい従来比約2倍の高温での調理をおこなったりすることで、利用者がパスタを注文してから提供されるまでの時間は、既存店での約3分から最速45秒まで短縮されるようになっています。そのうえで盛り付けは人間がおこなっています。ロボットにしかできない超高速調理と、人の感性を活かした美しい盛り付けを融合させることで、おいしく美しい料理を提供しているのです。

調理だけではなく、食べた後もロボットは活躍します。牛丼チェーン大手の吉野家では、使用済みの器を自動で食洗機にセットするロボットが登場しています。もともとは使用後の汚れた食器を従業員が手で浸漬水に浸したうえで一つひとつ取り出し、洗浄機用のラックへ載せ替え、食洗機を使用して洗浄するという作業でした。そのようなタスクのなかで、汚れた水の中から、多種多様な種類の汚れた食器を取り出し、ラッキングする工程の自動化を狙っているのです。片付けは、お客さんへの付加価値に直接的にはつながりにくいにもかかわらず、手荒れが起こりやすい仕事です。これらを自動化することで、スタッフの労力が削減され、より接客に集中できるようになります。

調理や片付けなど飲食店業務をロボットが担うことにより、少ない人手で、そして、よりよい労働環境で店舗オペレーションができるようになります。また、料理の提供スピードの向上や品質の安定など、飲食店のサービスが向上します。さらに、ロボットは繰り返し作業に強いため、特定の料理を大量に安定して提供することも可能なのです。

結果として、少人数での営業や深夜・早朝の営業など、ビジネスの戦略にもつながることになるでしょう。

一方で、ロボット活用が進むと、人の価値や手づくりの価値が問われることになります。人は、大阪王将の事例のようにロボットの手本となる超一流の職人として調理技術を磨き続ける、もしくは、プロントのように盛り付け作業など高い感性が求められる仕事を担うようにするのもひとつです。

いずれにせよ、ロボットは必ずしも人と対立するものではありません。どのようにロボットと人を組み合わせ、お客さんによいサービスを提供できるかを考えていく必要があるのです。

ロボットが調理したご飯を食べる時代はすでに始まっています。そして、もしかすると、あなたの家でも冷蔵庫の中身やその日の体調や好みに合わせて調理ロボットが活躍し、未来の食卓に彩りを添えるようになるかもしれません。

ALL ABOUT THE ROBOT BUSINESS

3 「中食」でも進むロボット活用

スーパーやコンビニで惣菜を買って帰り、晩御飯で食べる方は少なくないでしょう。私たちの食生活のなかに「中食」と呼ばれる、家庭で調理せずに購入する食品の需要が急増しています。実は食品製造業界でもロボットの活用が進んでいることをご存じでしょうか。

たとえば、マックスバリュ東海では、惣菜製造現場にロボットが導入され、ポテトサラダなどの洋総菜や、ホウレンソウの胡麻和えなどの和惣菜などの製造がおこなわれています。それまで1ラインあたり7名がかかわっていた製造工程が2名ほどに省人化されたそうです。また他の食品工場では、双腕の人型ロボットが弁当製造の工程に導入され、従業員に交じり、ロボットが両方のアームでから揚げをつかみ、弁当の容器の決まったスペースに盛り付けています。さらに、日本の伝統的な現場でもロボットは使われています。京都のお土産としても親しまれている「生八つ橋」の仕分けにもロボットが活用されているそうです。柔らかい生八つ橋をつぶさずに掴み、１秒に約１個のペースでトレイに並べる姿は「すごい！」の一言です。

惣菜や弁当は、手軽で便利、そして、最近ではおいしい食事の選択肢のひとつとして多くの人に愛されています。しかし、その裏には厳しい現実が隠れています。総菜の製造は生産性が低く、なかなか人も集まらず、離職率も高い職種になっているのです。個体差が出ないように、重量や見た目を均質にすることが求められ、また、やわらかい食材、かたちが異なる食材を扱わないといけないため、なかなか自動化が難しい領域とされてきました。

ですが、近年のロボット技術の進化によって、「不定形なモノを多品種少量生産する」ということが少しずつできるようになってきており、従来自動化が難しいと言われていた業界に対しても、徐々にロボットが広がりつつあります。

ただし、ロボットのさらなる普及に向けてはまだ課題も存在します。たとえば、食品業界では、衛生管理が厳格におこなわれており、ロボットの導入によって新たなリスクが生じる可能性があります。特に、ロボットが食品を直接扱う場合、異物混入のリスクを最小限に抑えるための対策が求められます。

また、食品製造業界は多くの中小企業によって支えられていますが、そのような会社が、巨額の投資を必要とするロボットを導入することは困難です。そのため、経済産業省や日本惣菜協会などが音頭を取りながら、低コストで自動化を実現するための共通的なロボットの開発も急ピッチで進められています。冒頭紹介したポテトサラダの盛り付けもその成果のひとつです。

中食市場の拡大とともに、食品製造業界ではロボットの活用が進んでいます。労働生産性の低さや人手不足という課題を解決するためにも、そして、品質の安定化や衛生面の確保という意味でも、企業は自動化を進め、効率的な生産体制を整えています。今後も、ロボット技術の進化により、私たちの食生活はさらに変化していくことでしょう。中食の未来には、より便利でおいしい食品が待っているかもしれません。

ALL ABOUT THE ROBOT BUSINESS

4

閉店後の小売店で活躍するロボットたち

ロボットは目に見えるところで動くとは限りません。夜、みなさんが寝静まった頃にひっそりと、そして一生懸命に働いているロボットもたくさんいます。食品を作る現場ではなく、作られた商品を売る小売の現場で活躍しているロボットを見てみましょう。

私たちが日常的に訪れる店舗のなかで出会うロボットとしては、掃除ロボットが多いかもしれません。実際、大手スーパーマーケットでは、営業時間中でも掃除ロボットが自動で店舗内をクルクルと動き回り、常に清潔な環境を整えています。

さらに、夜が訪れると、見慣れないロボットが登場します。たとえば、閉店後の店舗では棚を管理するロボットが活躍しています。

アメリカの大手スーパーであるウォルマートでは、ロボットが陳列棚の前をカメラでスキャンしながら走行し、商品がきちんと並んでいるか、欠品がないか、値札が正しいかをチェックして、スムーズな店舗運営をサポートしています。この作業を通じて、従業員が手動でおこなうよりも時間を大幅に短縮し、必要な商品を迅速に補充できるようになるのです。棚管理ロボットを導入した結果、在庫の正確性が向上し、欠品率が20％減少しています。それだけではありません。一般的に小売店には、在庫切れにより平均で売上の６・５％のロス、在庫不足により２％の購買機会ロス、そして窃盗や管理ミスによるロスが１・５％あると言われていますが、ロボットを活用することで、これらを合わせた約10％のロスを削減することができるのです。

欠品を見つけるだけではなく、飲料や食品の補充をおこなうロボットも増えてきており、たとえばファミリーマートは、ロボットが棚に商品を補充するシステムを３００店舗に導入しようとしています。お客さんを「いま飲みたい！」と思った瞬間に、必要な商品がすぐに手に入る、そんな便利さを実現しているのです。店舗としても欠品による販売機会のロスを防げたり、従業員が商品補充の手間から解放されたりするだけでなく、このロボットが店舗の裏側からペットボトルを補充しているあいだ、店員は接客や他の業務にもっと集中できるようになり、顧客サービスの向上につながります。店舗作業の2割の業務量を効率化することができ、1日あたり10時間分の人件費削減につながるとの報告もあります。

そして、昼も夜も警備ロボットが店舗内を巡回し、安全を見守る姿も忘れてはいけません。トラブルが発生した場合でも店舗スタッフや警備員に知らせ、迅速な対応が可能になります。警備ロボットの導入は、店舗に限らず、公園など公共空間に対してもおこなわれており、アメリカでは警察の呼び出しが10％減、犯罪報告数が46％減といったデータも出ています。また、犯罪の抑止力としても効果があるため、監視カメラと連携することで、セキュリティも強化され、顧客は安心してショッピングを楽しむことができます。

このように小売などの店舗の目に見える場所、見えない場所で、ロボットたちは活躍を始めました。紹介したロボット以外にも接客ロボット、案内ロボット、レジロボットなど多くのロボットが店舗に現れることになるでしょう。これらのロボットが、店舗運営を効率化し、よりよいショッピング体験を提供していくのです。

ALL ABOUT THE ROBOT BUSINESS

5　「まるごとロボット店舗」の実現は近い

ここまでは調理や搬送など単独の機能のロボット化の話をしてきました。ここではより大きく見た場合、食や小売というみなさんの身近な領域がどのように変化し始めているのかを整理し、少し未来の店舗を想像してみましょう。

現代の小売業界は、テクノロジーの進化とともに大きな変革を遂げています。そのなかでロボットのさらなる活用にも関係する３つのトレンドが「ＢＯＰＩＳ」「ダークストア」「マイクロフィルメントセンター」です。これらの新しい小売形態で、ロボット技術はどのように活用されていくのでしょうか。

ＢＯＰＩＳ（Buy Online Pick-up In Store）とは、その名の通り、消費者がオンライン

で商品を購入し、実店舗で商品を受け取るサービスのことです。

みなさんのなかにもスターバックスやマクドナルドでモバイルオーダーというかたちで体験したことがある方も多いのではないでしょうか。このトレンドは、消費者にとっての利便性と店舗側の運営効率を同時に向上させるものです。

ＢＯＰＩＳは米国を中心に家具小売のイケアなどから始まり、最近では小売のウォルマートなど食品へと普及し、消費者にとっても送料が掛からないというメリットもあり、２０２４年には米国の小売店舗の90％がＢＯＰＩＳを活用しているとも言われています。それに伴い、店舗内で効率的に商品をピックアップするためのロボットシステムが導入されています。

ダークストアは、一般の顧客が直接訪れることができない、オンライン注文専用の倉庫型店舗のことを指します。この店舗はオンライン販売の効率化を目的とし、在庫管理と配送の迅速化を実現しています。もちろん、ここでもロボット技術が欠かせません。

ダークストアはアメリカなどの車社会との相性がよいと言われていますが、より小さな地域で運用されるのが、マイクロフルフィルメントセンター（ＭＦＣ）です。ＭＦＣは、都市部やショッピングモール内に設置される「小規模」な倉庫のことで、オンライン注文の迅速な処理を目的としています。これにより、消費者への配送時間が大幅に短縮され、即日配送や翌日配送が可能になります。

どのタイプのトレンドでも、移動ロボットやピッキングロボットは欠かすことができません。注文に応じて、ロボットが倉庫内を自動で移動し、商品の棚から必要なアイテムを取り出し、梱包し、配送や受け渡しの準備をおこないます。これにより、従業員が手作業で商品を探す時間が大幅に削減され、受け取りの待ち時間が短縮されます。

新しい小売トレンドにロボットを用いた取り組みはすでに続々と始まっています。小売におけるこのような取り組みは、アメリカなどの諸外国のほうが先行している印象です。ザラは２０１８年にＢＯＰＩＳを実現するための自動倉庫を導入し、アマゾンはダークストアを、ウォルマートはＭＦＣをロボットも使いながら構築しているのです。

もちろん、日本でもトライは始まっています。ＫＤＤＩは２０２２年に無人店舗の運営にロボットを導入し、実験を進めています。この無人店舗では、デリバリーアプリから注文が入ると、ロボットが商品のピッキングから袋詰めまでを完全自動化で実施しています。バックヤードを含めて50平米という小型のスペースで、デリバリーとテイクアウトの両方に対応できるようになっています。

このようなテクノロジーの発展により、省人化・コスト削減だけではなく、最短10分で商品を受け取れるなどユーザー側にもメリットの大きいサービスも増えてきています。

それでは、この先どうなっていくのでしょうか。

当然、ロボットがピックする商品を決めるためには、注文や在庫などに関するシステムとの連動が必要になります。さらに未来を見据えると、注文されたものだけではなく、過去の履歴などにもとづいて注文されそうなものを先読みし、事前に発送の準備をすることもできるようになるかもしれません。また、注文状況によって棚の管理場所なども自動的に調整されるようになってくるでしょう。

ここまで来ると、多くのシステムやロボット同士が連携し、店舗自体が情報化されたひとつのロボットシステムのように振る舞う「まるごとロボット店舗」というような存在になります。高度な予測と配送の最適化により、注文する前に、欲しいものが手元にある、そんなシーンが当たり前になるかもしれません。

ALL ABOUT THE ROBOT BUSINESS

6　店舗もロボットが建てる時代へ

「まるごとロボット店舗」という話をしましたが、ロボット化されるのは建屋の中身の作業だけにとどまりません。その店舗の外身、つまり「建物」自体もロボットが作る、そんな時代も実現しそうです。３Ｄプリンターによって、従来の建築では考えられない店舗が生まれるのも時間の問題かもしれません。正確に言えば、すでに生まれ始めています。それでは、建設業界におけるロボット技術の導入について詳しく見ていきましょう。

建設業界は、過去数十年にわたり、他の産業と比較して生産性向上のスピードが遅れていました。特に自動化やデジタル化の導入が進まず、日本では人手不足や高齢化が深刻な問題となっていたのです。これにより、労働生産性が全産業平均を大きく下回り、長時間労働が常態化。一方、世界では都市化と人口増加に伴い、建設需要が高まっているなかで、労働人口の減少に加えて、生産性の低さが大きな課題となっていました。

とはいえ、建設分野におけるロボット技術の活用は、意外と古くから始まっています。その第一歩は、1991年に雲仙普賢岳が噴火した後の復旧作業でした。第9章でも紹介しますが、遠隔操作のロボットが危険な現場での作業を担当し、その有効性が実証されました。それ以来、危険な作業現場を無人にするという切り口で建設現場でのロボット技術の活用が進んできました。

一方で、最近のロボット技術の進展により、遠隔からの作業ではなく、自動化を進めようという動きもさまざまな切り口で活発に進んできています。

まず、建設の現場でのロボット活用です。建材の搬送はもちろん、鉄筋工事における単純作業である結束作業、溶接、パテ塗り、内装組み立てなどの作業ではすでにロボットが活用されています。

また、最近では、四足歩行をする犬型ロボットやドローンを使って、現場の点検や記録が自動的におこなわれる場合も増えています。足元が悪い現場もなんのその、現場を動き回れるロボットにより現場の状態をそのまま記録できるようになるのです。このような活用により、危険な作業や高度な技術が要求される作業も、効率よく安全におこなうことができるようになっています。大手ゼネコン各社もタッグを組み、「建設ＲＸコンソーシアム」という業界団体を設立し、現場作業をいかに効率化できるのか知恵を出し合い、オールジャパンでの取り組みもますます加速していきそうです。

そして、建材メーカーやハウスメーカーは、建材・部材製造の自動化を進めています。**とりわけ興味深いのは、３Ｄプリンターとロボットを組み合わせ、コンクリート建材の製造をおこなう取り組みです。**

３Ｄプリンターといえば、小さい部品を樹脂でつくるイメージが一般的ですが、それを大型化し、樹脂の代わりにコンクリートを吐出するというものになります。これにより、無駄な材料費や時間を削減できるだけでなく、これまでにはできなかった複雑な形状の部材も迅速かつ正確に製造することが可能となり、デザインの幅を広げることになっています。

このようなオンリーワンの形状を求める取り組みがある一方、標準的なかたちの建物に対しては、モジュラー構造の取り組みもあります。たとえば、日照時間が短く作業時間が限られる北欧や都市への人口集中を進めようとする中国などでは規格化されたモジュールを自動的に製造し、組み上げていくこともできるようになってきています。これにより現場での作業が大幅に減り、工期短縮やコスト削減が実現しているのです。

このようなロボットの活躍を支えるキーシステムがあります。それは「BIM（Building Information Modeling）」と呼ばれる、デジタル化された現場の図面のようなものです。このBIMがあることで、建物のさまざまなデータを管理し、設計から施工、運用まで考えることができるようになります。もちろん、ロボットがどのように動けばよいのかについてのシミュレーションもしやすくなるのです。

建設業界はこれまで「きつい・汚い・危険」の「3K」だと言われてきました。しかし、ロボットなどの導入により、このイメージを変えていこうという流れがあります。国土交通省も後押ししながら目指すのは、「給与・休暇・希望」の「新3K」です。いま生産性向上、コスト削減、安全性確保を実現させ、さらにはよりポジティブなステージへと、建設業界は進化しようとしているのです。

ALL ABOUT THE ROBOT BUSINESS COLUMN

すかいらーくはどのように配膳ロボを導入したか

すかいらーくグループは約1年で3000台もの配膳ロボットの導入を終えました。非常にざっくりと計算すると1日あたり10台というロボットを全国津々浦々のガストやバーミヤンなどに配置したことになります。一般の人がいる環境で動くロボットとしては前代未聞の数とスピードでの実現です。あらためて、そのプロセスを振り返ることでロボット導入のヒントを探ってみたいと思います。

まず時系列で振り返ってみると、2021年8月から配膳ロボット導入に関する検討が始まりました。このタイミングでは複数の配膳ロボットを比較し、ピークタイムの売上、顧客満足度、生産性への効果を検証しています。そのうえで2カ月後の10月にはガストなど合計2000店舗でロボットを導入すると発表しています。この段階で定量的データとして、顧客満足度は8割、シニアスタッフへの歩行負荷の低減などが確認されているのです。また、グループ内のしゃぶしゃぶ屋の「しゃぶ葉」では、店員とロボットの配膳の使い分けといったロボットの効果的な使い方に関する知見が蓄積されていることも示されています。

そして、2022年2月には最終的に「2149店舗に3000台の導入」を目指すことが発表されました。これは、ランチピーク時の顧客回転率の改善、歩行数の削減、片付け時間短縮についてのエビデンスにもとづいた意思決定でした。

一方で、日本で培ったノウハウを海外の店舗に向けても展開していることが紹介されており、中国製のロボットを日本で使い倒し、それを逆に海外に展開するという新しい流れが起きていることが示唆されているのです。この意思決定のスピードは日本企業としては凄まじいものがあります。

意思決定のスピードだけではなく、実行のスピードも驚異的です。2021年10月の「導入します！」という宣言から翌年1月までの3カ月で340台、5月には883店舗1257台、10月には2654台の導入が進んでいます。また、すでに導入されている店舗でも上げ膳だけではなく、食器を返却する下げ膳での実験を開始したことが発表されており、1回の導入で満足することなく「どうしたら改善ができるのか」を日々オペレーションのなかで挑戦していることがわかります。そして最終的に2022年12月に全国約2100店舗約3000台のロボット導入の完了が発表されました。しかも、日々の運用の改善もあってか、顧客満足度は当初の8割から9割に改善されたのです。

この事例から学ぶべきポイントは大きく3つあると考えられます。

1つ目は、経営層のDX戦略へのコミットメントとそれにもとづいた圧倒的なスピード推進です。ネコ型ロボットの導入が注目されますが、すかいらーくグループでは2022年度約70億円のDX投資をしています。これにはロボット以外にもPOSの刷新、キャッシュレスレジの導入、デジタルメニューブックの刷新などが含まれています。ロボット単独ではなく、ユーザーの一連の顧客体験や労働者の働きやすさの全体像を考えたうえで、つながりのあるDXの施策をおこなっています。そして各種報告書などを見ると、各担当役員それぞれがDXという言葉を使い、部門を超えて会社全体が連携していることがよくわかります。

2つ目のポイントは、データに基づいた導入ステップと活用ノウハウの蓄積です。時系列で紹介したように数カ月単位で活動がアップデートされ、各種の目標値が定量的に評価されています。仮説を評価項目に落としたうえで、何がうまくいき、何がうまくいかないのかという結果とそれに付随する導入ノウハウが着実に貯められていることが読み取れます。結果として導入できない店舗についても条件がはっきりしてきていますし、上げ膳だけではなく下げ膳もという試みからもわかるように、日々の運用のなかで自律的に改善が回っていることも重要です。デジタルは決して万能ではなく、お客さんに必要とされるサービスは何かを常に考え、気づき、行動できる人材を育てることが重要なのです。

そして、3つ目は現場を知り尽くした店長以上のインストラクター組織を構築していることです。1つ目の経営層の戦略や2つ目のデータを踏まえた改善をつなぐ役割を持っているのがインストラクター組織です。すかいらーくでは、店舗の経営も理解できる店長以上の従業員をロボット専任インストラクターとして最大17名で組織化し、ロボット導入全店舗に出向き、顧客・従業員の声をもとに改善活動を進めるようになっています。多くのデータを取得し、リアルな効果や欠点も含めて理解したうえで、この時間帯はロボットを活用しましょうといったオペレーションの設計をすることができる組織になり、全店舗からの知見が蓄積されるのです。彼らの活躍が日々更新されていくことで、一層ロボットの活用スキルが上がって、結果として経営への貢献ができるようになっているのです。

第2章

自動搾乳から学ぶ農業ロボットの世界

Chapter 2

The World of Agricultural Robots

ALL ABOUT THE ROBOT BUSINESS

1

コメは自動化の最先端へ

大雨のなか、無人のコンバインが田んぼを縦横無尽に走り回り、正確に稲を刈り取っていく。こんなシーンが2018年に放映された人気ドラマ『下町ロケット』の一幕であったことをご存じでしょうか。大雨のなかかは置いておき、このような光景はドラマの世界だけではなく、すでに実際の日本の農村で現実のものとなっているのです。

稲作は耕し、植え、収穫するという業務が比較的シンプルなため、他の農業分野に比べて機械化が早く進みました。そしていま、その稲作が自動化の最前線に立っています。

GPSを利用した自動運転トラクターが人間以上の精度で田んぼを耕します。さらに、熟練農家の技術を再現する自動運転田植機も実用化されています。そして、冒頭紹介したような収穫作業をおこなう自動コンバインまで登場しているのです。

このような自動走行する農機は、たとえば、ＡＩカメラとミリ波レーダーといった周囲環境を測るセンサーを搭載し、収穫対象の稲と周囲の人や障害物を識別でき、人が乗らなくても自動で収穫作業をおこなえるようになっています。車の自動運転と比べると、農機の自動運転はスピードが遅く、比較的人も少ないエリアを走行することが多いため、複数台の同時走行、圃場《ほじょう》間の公道走行など先進的な取り組みも増えていますし、これからも進化が見込まれます。

これらの最新のロボット技術が、日本の農業が直面する深刻な問題を解決する鍵となっています。**その問題とは、農業従事者の高齢化です。**農林水産省の調査によると、２０２０年の日本の農業従事者の平均年齢は何と67・8歳。これは、日本全体の平均である46・9歳はもちろんのこと、同じく高齢化が進む漁業の56・9歳（２０１８年時点）をはるかに上回っています。

この危機的状況にロボットが光明をもたらすかもしれません。自動化と省力化により高齢者でも農業を続けられるようになり、また早朝からの長時間労働による負荷を軽減することは若い世代にとっても農業の魅力アップにつながります。すでに多くの水田や畑での実績が日本全国で蓄積されており、ロボットトラクターを使用することで従来よりも平均で約3分の1と大幅に作業時間を短縮できたことも報告されています。

さらに、ロボット技術には意外な効果もあります。それは、熟練農家の技術やノウハウをデジタル化し、次世代に継承できるということです。これにより、後継者不足という農業界のもうひとつの大きな課題にも対応できるようになるのです。

農業分野におけるロボット活用は、単に農業界だけの問題ではありません。食料安全保障、地方創生、そして日本の産業競争力に直結する重要な課題なのです。ロボットだけではなく、ＩｏＴやＡＩと組み合わせることで、より効率的で持続可能な食料生産システムを構築できるかもしれません。そして、都市部の若者が農業に参入しやすくなることで、地方の活性化につながる可能性もあるのです。

この章では、私たちのくらしに直結する農・林・水産分野でのロボットの活躍に注目してみたいと思います。

ALL ABOUT THE ROBOT BUSINESS

2

野菜も果実も自動収穫が進む

トマト、ピーマン、キュウリ。

いずれも多くの家庭の食卓に並ぶ野菜たちですね。実は、これらの野菜はすでにロボットによる収穫が始まり、実際にロボットで収穫されたものがスーパーに並んでいます。

自動収穫の波は、稲だけでなく、野菜や果実にも広がっているのです。

たとえば、アスパラガスの自動収穫ロボットが開発されています。アスパラガスは稲のように下から上にまっすぐ伸びるため、自動化しやすい作物だったのです。このロボットは、カメラでアスパラガスの位置を認識し、適切な高さで切断します。

さらに驚くべきことに、最近ではアスパラガスのように似た形状のものだけではなく、かたちや色が同じにならない野菜の収穫でも自動化が進んでいます。冒頭に紹介したトマト、ピーマン、キュウリなどがまさにそれです。色が緑から赤に変化したタイミングを見逃さずにトマトを収穫したり、いろいろなサイズやかたちがあるキュウリを収穫したりできるようになっているのです。

野菜だけではありません。ＡＩを使って、イチゴの色を判定し、収穫に適したものを自動で摘み取るイチゴ収穫ロボットも開発が進んでいます。

現段階では、単価が高い、収穫時期が長い、収穫量が多い、生育環境がハウスなど工場化している、などビジネス的に成立しやすい作物が優先的に収穫ロボットの対象になっていますが、今後は、より植物を傷つけない収穫、高速での収穫、不整地での走行などの技術の進展とともに、その範囲がより多くの作物に拡大していくと考えられます。

ただし、技術の進化だけでは市場の拡大は困難です。特に自営業者や小規模の法人の多い農業では、投資のしやすさが必須です。現在は、まだまだ先行投資ができる企業での活用に限定されていますが、コストダウンはもちろんのこと、現在も一部で導入され始めている収穫量に応じたサブスクリプション方式のように利用の障壁を低下させる取り組みにより、ユーザーの幅はより広がっていくことになります。

対象となる果実や野菜、そして農園の規模などによっても異なりますが、収穫作業は全労働時間の20〜50％ほどを占めているとも言われており、これらの自動収穫技術の導入効果は絶大です。ロボットは昼間だけではなく、夜間も作業をおこなうことができ、労働力不足の解消、作業効率の向上、品質の安定化などのさまざまな効果が期待できます。

また、ＡＩによる収穫予測技術も進化しています。過去のデータや気象情報、栽培状況などを総合的に分析することで、将来の収穫量を正確に予測できるようになりました。これにより、農家は生産計画を最適化し、過剰生産や在庫の廃棄を減らすことができます。さらに、収穫時期や品質のピークを正確に把握することで、品質向上にもつながるのです。

今後は、ロボットやＡＩの技術進歩により、収穫だけでなく、栽培管理全般の自動化も進むと予想されます。

つまり、農業の自動化は、単に労働力不足を解消するだけでなく、農業のあり方そのも

のを変える可能性を秘めているのです。

たとえば、24時間稼働の植物工場と自動収穫ロボットを組み合わせることで、天候に左右されない安定した生産が可能になるかもしれません。すでに屋内で照明や栄養がコントロールされた植物工場は世界中で活用されていますし、一部の植物工場ではロボットの活用のトライも始まっています。まさに製造業の工場で商品を自動的に生産するように、食べ物も自動生産される時代が来るかもしれません。

結果として、自動収穫技術の進化は、私たちの食卓にも影響を与えるでしょう。品質の安定した農産物が年間を通じて供給されるようになり、季節を問わず新鮮な野菜や果物を楽しめるようになるかもしれません。

農業の自動化は、まだ始まったばかりです。しかし作物の種類、対象とする作業など、その進化のスピードは私たちの想像を超え、中国なども含めて世界中で取り組みが加速しています。近い将来、畑や果樹園でロボットが働く光景が当たり前になるかもしれません。

ALL ABOUT THE ROBOT BUSINESS

3 スマート化する酪農業

牛が自ら牛舎にある大型機械に向かう。こんな不思議な光景が、日本の酪農業を変えつつあります。

この大型機械の導入により、酪農家の労働時間が20～60％も削減され、牛の乳量が最大20％増加するという驚くべき効果が報告されているのです。

実はこの大型機械は、搾乳ロボット。要は自動で牛の乳しぼりをしてくれるのです。搾乳ロボットは、センサーで乳頭の位置を検出し、自動で搾乳をおこないます。１９９０年代に生産性の意識の高い欧州で導入が始まり、現在では世界中で４万台以上が稼働。日本でも２０００年頃から普及が始まり、１０００台を超え、特に北海道では急速に広まり始め、現在では６％の酪農場に導入がされています。

この技術は経営面で非常に大きな効果をもたらします。まず、労働時間の大幅な削減です。酪農家の年間労働時間は全国平均で約２１００時間にも及び、その半分以上を搾乳作業が占めています。搾乳ロボットの導入で、この負担が大きく軽減されるのです。

さらに注目すべきは生産性の向上です。搾乳ロボットでは、牛が搾乳される際にエサを食べられるため、牛が自発的にロボットに近づきます。これにより搾乳回数が増え、１頭あたりの乳量が5～20％増加します。売上に直結するこの効果は、非常に魅力的です。

しかし、搾乳ロボットの真価はそれだけではありません。このロボットは、牛の健康状態や生産性を詳細に分析できる高度なＩｏＴデバイスでもあるのです。たとえば、搾乳した生乳のデータ、乳頭の画像データ、体重、飼料摂取量などから、牛の健康状態や疾病リスクをリアルタイムで評価できます。これにより、早期治療が可能となり、経営リスクを最小限に抑えることができます。

また、牛の活動量データと組み合わせることで、最適な授精タイミングを把握することも可能です。これは受胎率の向上につながり、経営効率の改善に直結します。さらに、搾乳ロボットに適性の高い乳牛を選択的に繁殖させることで、長期的な生産性向上も図れます。まさにデータドリブンな経営の実現です。

このようなデータはクラウドで一元管理され、獣医などの専門家とも共有できます。そして、高度な意思決定や効率的な人材育成が可能となり、経営の最適化にもつながります。

つまり、搾乳ロボットは、単なる省力化ツールではありません。**ＩｏＴとＡＩを駆使した先進的な個体管理システムとして機能し、酪農業のデジタルトランスフォーメーション（ＤＸ）を加速させているのです。**

搾乳ロボットを本格的に導入するにはシステムや牛舎なども含めると億単位の投資が必要で、現状では国の補助金がなければ採算が取れないケースも報告されるなど、課題がないわけではありません。それでも搾乳ロボットは、酪農業の未来を大きく変える可能性、そして、今後のロボット産業が参考にすべき多くのヒントを含んでいます。

搾乳ロボットの普及は、データに基づく精密な管理と効率的な生産を両立させる新しい農業のあり方を示しているのです。酪農に限らず、他の畜産や農業全般にも応用可能です。

農業のスマート化は着実に進んでいます。

ALL ABOUT THE ROBOT BUSINESS

4

もしも森のなか、ロボットに出会ったら

誰もが知るアメリカの民謡「森のくまさん」。お嬢さんは森のなかでくまさんに出会い、スタコラサッサと逃げていきます。

しかし、これからの時代、森のなかを歩いていて出会うのはクマだけではありません。犬、いや、正確には犬型ロボットに出会ったという人もいるのです。

みなさん、急斜面を四足で颯爽と登るロボットを想像してみてください。

森林総合研究所が実施している取り組みでは、四足歩行ロボットが急斜面を登り、林業の現場で活躍しようとしています。このロボットは、重量物の運搬・防鹿柵の点検・森林の状態監視など、人間には危険で困難な作業を代替しています。まるで、忠実な番犬が森を守るかのようです。

さらに、林業の現場では、間伐や枝打ちをおこなうロボットの開発も進んでいます。これらのロボットは、人間よりも効率的に作業をおこなうだけでなく、精密な作業により森林を健康な状態に維持するのに役立つのです。

林業の事故率は全産業平均の約10倍と大変厳しい仕事です。**その作業をロボットに任せることで、作業の安全性が飛躍的に向上し、労働災害のリスクが大幅に低減することは間違いありません。**そして、結果として、現在全業種のなかでも高くなっている林業の労災保険料の低減など経済的なメリットにもつながってくるかもしれません。ロボットは作業の正確性を上げるだけではなく、意外な側面での効果も生むのです。

そして、ロボットが活躍するのは、陸だけではありません。

漁場の世界では水中ドローンが注目を集めています。定置網漁において水中ドローンを活用し、数十メートルから百メートルほどまで潜り、網の状態観察や設置予定箇所の確認などをおこなっています。これにより、従来はたとえば週1回、人に頼っていた危険な作業を安全かつ1センチ単位で正確におこなえるようになり、コスト削減にもつながっています。まさに一石二鳥のイノベーションだと言えるでしょう。

水中ドローンの活用範囲は広がっています。養殖業での餌やりや魚の健康状態チェック、サンゴ礁や海底地形の調査、さらには掃除機能との組み合わせなど、その用途は多岐にわたります。

一方で、林業や漁業におけるロボットの活用状況はまだまだ発展途上とも言えます。技術的に見れば、林業用ロボットの場合、複雑な地形での安定した動作の確保やそのような環境で動いた時のバッテリー持続時間の問題が課題となっています。また、漁業用の水中ドローンでは、通信技術の制約から、現状では有線モデルが中心となっています。

これらの課題が解決されてくると、新たなビジネスチャンスも生まれ、活躍の範囲はさらに広がるでしょう。

たとえば、四足歩行ロボットの技術は、第1章で紹介した建設現場での点検作業に加え、災害現場での救助活動や宇宙での作業など、さまざまな分野での応用が考えられます。また、水中ドローンの技術は、海洋資源の探査や海底ケーブルの保守点検など、新たな海洋ビジネスの創出につながる可能性があります。

海に囲まれた島国であり、国土の3分の2が森林に覆われている日本にとって、漁業や林業は日本の重要な産業です。この伝統的な産業とハイテク技術の融合が、労働環境の改善や生産性の向上だけでなく、環境保全にも大きく貢献できる可能性があります。

もし森のなかで犬型ロボットを見つけても逃げる必要はありません。林業、そして私たちの大地を守ってくれているのです。

ALL ABOUT THE ROBOT BUSINESS

5 環境保護と経済成長を両立させるロボット

「自然の声に耳を傾けよう！」

こんな言葉を聞いたことがある方もいるのではないでしょうか。主に環境や生態系の保全を訴える人々やメディアが発する言葉です。

ただ現実には、自然そのものは人がわかる声を発することができません。その悲鳴が異常気象となり、災害となり、私たちの生活を襲ってくるのです。

そうなる前の「声にならない声」を捉えたい、そんな想いに応えるロボット。それが「環境モニタリングロボット」です。結果的に、まるで「森林が自ら語り始めた」と感じるかもしれません。

前節で林業ロボットとして紹介した間伐ロボット。これを実現するためには、その前に森林の状態をモニタリングする必要があります。枝を切ろうにも枝の状態がわかっていないと切れないのです。従来、森林の状態を知るには、専門家が一本一本の木を計測し、データを収集する必要がありました。

しかしいま、森林の三次元計測ロボットを用いることで、地面からも空からも、レーザースキャナーやカメラを駆使して森林の構造を詳細に把握し、樹木の高さや幹の太さ、さらに葉の密度までも瞬時に測定しています。

この技術革新が、環境保護とビジネスの新たな可能性を切り開いているのです。

このようなロボットの導入により森林調査に必要な人員を5分の1に削減することができるという報告もあります。さらに、人の手によるよりも精度高く得られた森林のデータを活用することで、最適な植林計画を立案し、炭素吸収量を増加させることができるのです。

これは、環境保護と経済性の両立を実現したすばらしい事例と言えるでしょう。つまり、人手不足対策や危険作業の削減という目的に加え、「環境」という世界的に注目度の高い視点においても、ロボットが価値を提供し始めています。

ロボットが地球温暖化対策の一翼を担い、企業のESG戦略やカーボンオフセット、さらにはカーボンニュートラルの取り組みにおいて、極めて重要な役割を果たす可能性を示しているのです。

木だけでなく水質のモニタリングの分野でも、ロボット技術の活用が進んでいます。自律移動型水質モニタリングロボットは、水路、湖、海などを自律的に移動しながら水のサンプル採取や水質測定をおこないます。

今後、環境技術への投資なども高まっていくなかで、環境モニタリングロボットの活用範囲はさらに広がっていくでしょう。たとえば大気汚染モニタリングドローンや海洋プラスチック検出ロボットなど、新たな分野での開発も進んでいます。また、センシング技術との融合により、人では検出できない高度な環境分析や予測が可能になるはずです。

環境モニタリングロボットは、私たちの目や耳、そして手足となって、地球環境の健康状態を見守り続けます。その活躍は、持続可能な社会の実現に向けた重要な一歩となるでしょう。同時に、新たなビジネスを生み出し、企業の競争力強化にも貢献します。

環境保護と経済成長の両立は、もはや夢物語ではありません。環境モニタリングロボットが、その実現への扉を開いているのです。

ALL ABOUT THE ROBOT BUSINESS

6

一石何鳥？ ロボットが変える農業の未来

一石二鳥、三鳥、四鳥……。

収穫、搾乳、モニタリングといろいろと紹介してきましたが、ロボットの活用目的をひとつに絞る必要はありません。

空飛ぶロボットが農場を巡回し、作物の健康状態をチェックしながら農薬を散布する。地上では、ＡＩを搭載したロボットが最適なタイミングで収穫し、同時に病気の兆候も見逃さない。「ながら運転」は禁止されていますが、「ながらロボット」は大歓迎です。

農業用ドローンの登場により、従来は重労働だった農薬散布作業が驚くほど効率化されています。なんと1ヘクタールあたりわずか10分程度で散布が完了するのです。これは、人間がおこなう作業の10倍以上の速さです。しかし、ドローンの真価はそれだけではありません。

農薬散布と同時に、ドローンは圃場の状況を詳細に把握します。マルチスペクトルカメラを使用することで、作物の生育状況や病害虫の発生状況を可視化することができるのです。これにより、農家は圃場全体の状況を一目で把握し、肥料の過不足などを判断し、必要な箇所に必要な量だけ施肥するピンポイント農業が可能になります。

さらに驚くべきは、地上で活躍する収穫ロボットです。

ロボットはトマトなどの果実を収穫しながら同時に病気の管理もおこないます。ＡＩを活用して熟度や品質を判断し、最適なタイミングで収穫をおこなうだけでなく、病気の兆候がある株を発見すると即座に報告します。つまり、より精度の高い収穫予測や病気対策が可能になっているのです。今後、これらのデータを活用することで、農家は市場動向に合わせた生産計画を立てることができ、収益性の向上につながっていきます。さらには、ロボットが収集したデータ・気象データ・作物の生育データを組み合わせて分析することで、その年の気候に最適な品種選択や栽培スケジュールを提案してくるようになるでしょう。

まさに農業のＤＸが進行しているのです。

ロボットは実空間で作業をするという特徴を持っています。つまり、対象となるモノやヒトに実際に近づいて何かしらタスクをこなすことになるのです。そのタスクを遂行しながら、対象となるモノやヒトからたくさんの情報を取得することができます。これはロボットの最大の利点のひとつと言っても過言ではありません。

ロボットというのは「動き回るセンシングデバイス」なのです。

何のデータを取るべきか、それを決めるのは人間です。これまで長年培ってきた暗黙知もうまく活かしながら、データ経営と組み合わせることで農業は進化していきます。「農業×テクノロジー」の融合が生み出す新たな可能性。それは、私たちの食卓を、そして社会をどのように変えていくのでしょうか。

ALL ABOUT THE ROBOT BUSINESS COLUMN

農業ロボットのビジネスモデル

意外かもしれませんが、野菜の収穫ロボットのときにも少し触れたように農業はビジネスモデルとして先端を走っている分野です。

これには、農業が持つ特性が大きく影響しているのかもしれません。農業は古来より、気象条件や季節に大きく影響される産業でした。豊作の年もあれば、凶作の年もあります。また、旬の時期には労働力が集中的に必要となります。このような変動の大きい環境下で、農家は常に効率的な経営を模索してきました。

そんななかで、高度経済成長とともに地方の人材は都市へと流れ、人が足りなくなります。省人化の必要性が高まるなかで、農機具がハイテク化し、大型のトラクターなども出てきます。

しかし、数百万円と高額なそれらの機械を自身で所有することは、個人で事業をしている農家にとっては大きな負担にもなります。そんな悩みを解消するため、農協（JA）が地域ごとに農機具を提供するレンタルのようなサービスが現れることになりました。ある意味では、地域の農家で高額な機械をシェアしていると考えることもできるのです。いわゆる「シェアリングエコノミー」の先駆けかもしれません。

このような農家のリスクを下げるためのビジネスモデルは、現代の農業ロボットのビジネスモデルにも受け継がれています。詳しくは第8章で紹介しますが、ロボットを買うのではなく、使った分だけお金を払う「RaaS（Robot as a Service）」とも言われるビジネスモデルが注目を集めています。

使った分だけお金を払うと聞くと、ロボットが稼働した時間の長さに応じてお金がかかると想像しがちです。しかし、日本ではそのようなモデルだけではなく、収穫ロボットの場合、実際に収穫できた量に応じて、さらには市場で実際に買い取ってもらった金額に応じてロボット利用料を支払うモデルになっていることが多くなっています。このようにすることで、農家は初期投資を抑え、本当の意味で農家側のリスクを低減することができるようになるのです。

　このほかにも実際に作業した分だけという考え方が主流になってきていて、たとえば、除草ロボットであれば、作業面積に応じて料金を支払うなどのレンタルサービスも始まっています。人手による作業と比べると、コストを最大75％も削減できるという事例もあるようで、個人や中小事業者であっても気軽に最新ロボットを活用してみることができるようになってきました。

　ロボットメーカー側としても、収益源が多様化し始めています。単純にロボット本体を売ったり、貸したりするだけではなく、ロボットから得られたデータを使ったデータ分析サービスが新たな収益源になるのです。たとえば、ロボットから得られる収穫物のデータを使って、農家に最適な栽培アドバイスを提供したり、ロボットそのものの遠隔操作や自動診断をおこなったりしています。

　今後は、このデータ活用型のビジネスはさらに発展し、農業ロボットとブロックチェーン技術の融合も期待されています。たとえば、収穫データをブロックチェーンに記録することで、生産履歴の透明性を高め、付加価値の創出につなげる取り組みです。

農業ロボットの進化は、農業というビジネス自体を変えつつあります。従来の「土地を耕し、種をまき、収穫する」という基本に変わりはありませんが、それがデータ駆動型の精密農業へと移行しているのです。

将来的には、AIが気象データや市場動向を分析し、最適な作付け計画を立案。ロボットが24時間体制で作業をおこない、ドローンが畑を監視する。そして、ブロックチェーン技術を活用して、生産から消費までのすべてのプロセスが透明化される。そんな光景が当たり前になるかもしれません。

農業ロボットのビジネスモデルは、こうした未来の農業を見据えて、さらなる進化を続けていくでしょう。技術の進歩と新たなビジネスモデルの登場が、若者も惹きつける「かっこいい農業」につながり、さらには気候変動への適応、食料安全保障の確保などを超え、農業をより持続可能で収益性の高い産業へと変革させていくのです。

第3章

ロボットの終活から学ぶコミュニケーションロボットの世界

Chapter 3

The World of Social Robots

ALL ABOUT THE ROBOT BUSINESS

1

ある日、ロボットが自宅で亡くなったら

仏壇の前で手を合わせ、お経を唱える。長年連れ添ったパートナーとの別れはいつの時代もつらいものです。

みなさんは、ロボットのお葬式に参列したことがあるでしょうか。

驚くべきことに、これは決して珍しい話ではありません。特に「飼い主」と生活を共にしてきたコミュニケーションロボットが二度と動かなくなってしまったとき、お寺で葬式をしてもらう事例が複数報告されているのです。命あるものいつかは途絶えます。これは人間だけの話ではないのです。

この現象は、倫理面だけではなくビジネス的にも重要な示唆を与えています。人間とロ

ボットの関係性が深まることで、新たな市場やビジネスチャンスが生まれつつあるからです。

コミュニケーションロボットは、単なる機械以上の存在として扱われる傾向があります。これらのロボットは、特に高齢者や孤独を感じる人々に対して、心の支えや話し相手の役割を果たしています。長期間にわたって一緒に過ごすことで、所有者や使用者はロボットに対して感情的なつながりを感じるようになります。このため、ロボットが動かなくなったとき、所有者にとってはまるでペット、さらには親しい友人、家族を失ったような感覚を抱くことがあるのです。

高齢者介護施設に、コミュニケーションロボットを導入したとき、入居者たちは、ロボットに名前を付け、毎日話しかけ、まるで大切なペットのように接するようになりました。国がおこなった動物型や人型など19種類のコミュニケーションロボットを約９００名に使用してもらうという大規模な調査の結果を見てみましょう。約3分の1以上の利用者にロボット使用による日常生活の量や質の改善効果が認められ、介護予防効果があったとされています。**興味深いことに、コミュニケーションをロボットでサポートすることが、**

コミュニケーション以外の要素、たとえば高齢者の日常生活でのセルフケアや運動にも影響を強く与えていることが明らかになりました。

このようにロボットが人々の生活に溶け込み、愛着を持たれる存在になったことで、メーカーにとっても想定外のことが起き始めています。たとえば、メーカーの製造終了後も品質保証期間を超えてロボットが使用され続けるケースが増加しています。また、ユーザーにとって愛着の対象となったロボットは、たとえ壊れたとしても「捨てるに捨てられない」存在になっている場合もあります。

メーカーから売り出された商品は、原則的に改造は禁止されています。ところが、この状況を受けて、サードパーティーによる修理サービスが登場し、新しいエコシステムが形成されつつあります。ある会社はこれまでに生産終了になった犬型ロボット「ＡＩＢＯ」を３０００台以上も蘇らせていると言います。

「ロボットのセカンドライフ」を支援する修理ビジネスは単なる技術サービス以上のもので、顧客にとっては感情的な価値や思い出の継承として重要です。また、最初の持ち主のもとでの役目を終えたＡＩＢＯが、その後、別の持ち主のもとに提供され、長く使われるという場合もあります。これはソニーがオフィシャルに提供している「里親プログラム」という制度で、一旦くらしを終えたAIBOを治療（修理）したうえで、医療施設や介護団体などに提供するサービスなのです。これらのビジネスは、テクノロジーと人間の関係性を深める一助となり、長く愛され続ける製品を支える役割を果たしています。

では、外装やCPUが交換されたロボットは、もともとの愛着を持ったロボットと同じと言えるのでしょうか。

ロボットの修理や交換には、倫理的・哲学的な問題も付きまといます。たとえば、ロボットのハードウェアを新品に交換し、データを移植した場合、それは以前のロボットなのか、新しいロボットなのか。この問いは、倫理的な問題だけではなく、データの所有権やコピー・改変に関わる手続きなどビジネスにも大きな影響を与えていくことになるでしょう。

そして、さらに興味深いのは、このような問題が将来的には人間にも起こりうるかもしれないという点です。テクノロジーの進化により、人間の記憶や意識をデジタル化し、別の身体に移植することが可能になるかもしれません。

ロボットとの共生は、単に便利な機械を使うという段階を超え、私たちの存在や意識の本質に関わる深い問いを投げかけています。

コミュニケーションロボットの存在が当たり前になり、そして、ロボットが「亡くなる」日の存在が当たり前となりつつあるなかで、単なる機械の故障と捉えるだけではなく、技術の進歩と人間の感情や倫理観のバランスを取りながら、新たな価値創造の機会として活用することが求められます。

ALL ABOUT THE ROBOT BUSINESS

2 着替えをねだるロボット

街を歩いていると、オシャレな洋服を着た犬に出会うことは日常茶飯事です。もはやこの特権は犬だけのものではありません。ロボット専用の洋服が続々と販売されているのです。20社以上のロボットメーカーと提携してロボット用公式ウェアのデザインから製造、そして販売やレンタルまでをおこなう「ロボユニ」という会社ができているほどです。

現在の代表的なコミュニケーションロボットである「LOVOT《らぼっと》」は、フリース、スウェット、ワンピース、パジャマ、浴衣とさまざまなタイプの洋服を公式ウェブサイトで販売しています。さらには帽子、蝶ネクタイ、メガネまであり、人間顔負けのおしゃれ度合いです。価格も数千円から1万円を超えるものまであり、こちらも人間用と遜色なく、むしろ自分の服より高いという方もいるかもしれません。さらに驚くのは、ロボット側にも仕掛けがあることです。LOVOTの場合には、体の一部のパーツをクルっと回すと、両手を挙げて、「脱がせて〜」と言わんばかりにお着替えをおねだりしてくるのです。

このように人との関わり合いが増えると、愛着が積み上がってきます。コミュニケーションロボットが、単なる機械から「家族」や「仲間」へと変貌を遂げつつあるのです。多くのコミュニケーションロボットが、「〇〇くん」「〇〇ちゃん」とそれぞれ名前を与えられ、ロボットの誕生日を家族で祝う習慣ができているという事例からも、その愛着の度合いをうかがい知ることができます。**これは、従来の家のなかで使う家電製品や工場で使うロボットとはまったく異なる、新しい「家族」のかたちを示唆しています。**

興味深いのは、この現象が脳科学的にも裏付けられていることです。資生堂などがLOVOTを使っておこなった実験では、コミュニケーションロボットと生活を共にしている人は、絆の形成に関与する「オキシトシン」というホルモンの体内濃度が、ロボットを使っていない人よりも高いことが示されたのです。オキシトシンは「幸せのホルモン」とも言われ、精神的な安定や母性愛などとも関連するとも言われています。ロボットとの生活により、人とロボットとのあいだにオキシトシンを介した絆が形成される可能性を示す結果だと言えます。先ほど紹介したロボットの「着替えさせてポーズ」はまさに母性をくすぐり、絆の形成に役立つ振る舞いなのかもしれません。

このような愛着は、ビジネス面でも新たな機会をもたらしています。コミュニケーションロボット本体の市場の拡大や、冒頭で紹介したアパレルビジネスの誕生にとどまらず、それに付随する新たな市場も生まれています。たとえば、ロボットが座る専用の椅子などのインテリア製品が発表されており、いかにロボットが生活に溶け込み始めているかがわかります。

さらに、ロボットのファンコミュニティも各地で誕生しています。また、ロボットファンが集うカフェもオープンし、新たなコミュニティビジネスとして注目を集めています。これらのコミュニティは、新たなマーケティング戦略の実践の場になるのです。ロボットを通じて形成されるコミュニティは、従来の製品を中心としたものとは異なり、より強い絆と持続性を持つ可能性があります。

ただし、コミュニケーションロボットの認知度は徐々に高まってきているものの、多くの調査では、「必要性がわからない」「機械的なコミュニケーションに感じる」などの理由で利用を希望する声が半数に届かないという結果になることが多いのも現実です。

とはいえ、熱烈に支持されることも多く、高齢者の孤独解消、子どもの教育、メンタルヘルスケアなど、さまざまな社会課題の解決にも貢献する可能性があります。**そのような現場では、単なる機械ではなく、私たちの生活や仕事に寄り添う新しいパートナーになりつつあります。**その可能性と課題を見極めながら、人間とロボットが共生する未来を築いていく必要があるでしょう。

愛着が増すコミュニケーションロボット。それは私たちのビジネスや社会を大きく変える可能性を秘めた、新しい存在なのです。

ALL ABOUT THE ROBOT BUSINESS

3

ギネス記録を持つコミュニケーションロボット

ギネス記録を持つロボットと言われたら、何を想像するでしょうか。「最大の搭乗型ヒューマノイドロボット」「ルービックキューブを最速で解くロボット」「最長距離でフリースローを成功させるバスケットロボット」など、さまざまなものがありますが、実用的に活躍するロボットとしては「世界一癒し効果のあるロボット」という記録があります。

実は、日本生まれのアザラシ型ロボット「パロ」がその称号を持っています。

1993年から研究が始まったパロは、2002年にギネス世界記録で「最もセラピー効果のあるロボット」として認定されました。パロのギネス認定は、決して偶然ではありません。米国では「神経学的セラピー用医療機器」の承認を得た初めての医療ロボットとなっており、認知症、発達障害、精神障害、ＰＴＳＤ、脳機能障害、がん患者などを対象として、１台42万円で売り出され、いまや30カ国以上で約５０００体が利用されているのです。パロの医療現場での実用化は、コミュニケーションロボットが話題作りの道具ではなく、実際のビジネス価値、社会的意義を生み出せることを証明しました。

パロの導入効果は目覚ましいものがあります。パロとの触れ合いにより、ストレスも低減され、不安、うつ、痛み、孤独感を改善することが示されています。特に認知症者の場合には、徘徊、暴力、暴言といった問題行動や昼夜逆転の生活スタイルを抑制・緩和することも確認されているのです。患者本人への効果はもちろんのこと、これらの効果は介護者の負担を軽減することにもつながります。**ロボットを用いた治療は、副作用がない「非薬物療法」としてまったく新しい医療福祉サービスのかたちなのです。**

２０００年頃は第2次ロボットブームとも言われ、パロに限らず、多くのコミュニケーションロボットが登場しました。１９９９年に発売されたソニーの「ＡＩＢＯ」など、日本は常にこの分野をリードしてきたとも言えるでしょう。

初代ＡＩＢＯは１９９９年に25万円という価格で発売され、当時としては画期的な自律型ロボットとして注目を集めました。パロが医療・介護系の施設に積極的に事業展開されたのに対して、ＡＩＢＯはコミュニケーションロボットの個人利用の扉を切り拓いた存在とも言えます。しかし、ソニー自体の経営悪化もあり、ロボット開発は中核事業ではなかったため、２００６年には一度生産終了となりました。発売から7年での販売台数は15万台とも言われています。ＡＩＢＯの歴史は、コミュニケーションロボット市場におけるビジネスの可能性と持続性の難しさも物語っています。

第2次ロボットブームでは、持続的事業の難しさとともに、技術の課題もあぶり出されることになりました。たとえば、ユーザーの状況の理解といった人間に対するセンシング技術を高められるか。使っていても飽きることのない長期的な関係性を築くためのインタラクションを実現できるか。このような技術的なハードルを越えていくことで、現在のコミュニケーションロボットの土台が用意されていったのです。

パロやＡＩＢＯなどの先駆的なコミュニケーションロボットは、ロボットが人々の生活に寄り添い、真の価値を提供できることを示しました。**これからは、医療・介護分野だけでなく、小売、ホスピタリティ、教育など、幅広い産業での活用が期待されるなかで、ユーザーの期待に応え続ける持続可能なビジネスモデルの構築が不可欠なのです。**

ALL ABOUT THE ROBOT BUSINESS

4

家庭からオフィスに広がるコミュニケーションロボット

こんな光景を想像してみてください。

オフィスの一角で、小さなロボットが社員たちと和やかに会話を交わしています。また別の机では、仕事に疲れた社員がロボットに話しかけています。このロボット、実は社員のメンタルヘルスケアを担当しているのです。

こんなシーンがすでに一部の会社では日常になりつつあります。

かつてコミュニケーションロボットといえば、家庭用のペットロボットが主流でした。それがいまは職場のメンタルヘルスケアまで担うようになっています。これこそが、コミュニケーションロボットの再ブームを象徴する変化と言えるでしょう。２０００年代初頭のパロ、ＡＩＢＯの誕生から20年ほど経った２０２０年頃から、コミュニケーションロボットの勢いが復活しているのです。

近年、ＡＩやソフトウェア技術の飛躍的な進歩により、ロボットの対話能力や感情認識能力が格段に向上しました。これにより、人間とより自然なコミュニケーションが可能になり、コミュニケーションロボットは再び脚光を浴びるようになっています。

興味深いのは、これらのロボットの開発に携わる企業の顔ぶれです。従来の家電メーカーやロボットメーカーに加え、ミクシィやサイバーエージェントといったＩＴ企業やモバイルゲーム企業も参入し、業界に新たな風を吹き込んでいます。**ここからもコミュニケーションロボットの競争軸が、ソフトウェアに移っていることがわかります。**

現在のコミュニケーションロボットは、２つのタイプに大別されます。ひとつは、「言語コミュニケーション型」で、人間との会話を主な機能とするロボット。もうひとつは表情や動作で感情を表現する「非言語コミュニケーション型」です。たとえば、ソフトバンクの「Pepper」は言語コミュニケーション型の代表格です。一方、ソニーの新型「aibo」やGROOVE Xの「LOVOT」は、愛らしい仕草や表情で人間の心を癒す非言語コミュニケーション型に分類されます。

使い方も多様化しています。家庭での利用（B2C）だけでなく、企業での活用（B2B）も急速に広がっているのです。冒頭に紹介したように、オフィスで活用することによる社内コミュニケーションの促進、新入社員教育支援、店舗での顧客対応サポートなどです。コクヨなどがおこなった調査では、約4割の人が「コミュニケーションロボットがいるから出社しよう」と出社の動機になると言います。実際に87・6％の従業員がロボットのおかげでコミュニケーションが活性化したと感じています。このような背景から、会社の福利厚生の一環としてロボットの導入が進められる事例も出てきています。

もちろん、課題がないわけではありません。ロボットが収集する個人情報の管理といったプライバシーの問題や、より複雑な環境下でのロボットの音声認識、画像認識、データ分析などの能力は、今後さらなる対応が必要になってくるでしょう。特にプライバシーの問題は、欧州で制定された「一般データ保護規則（GDPR）」など個人データの保護とも関連し、人の身近な場所で使われるロボットならではのアプローチも必要になってくるかもしれません。これらの課題を克服しつつ、人間とロボットが共生する社会の実現に向けて、着実に技術開発と社会実装が進められています。

コミュニケーションロボットの再ブームは、単なるガジェットの流行ではありません。ＡＩとの共存時代の幕開けを告げる重要な現象なのです。今後、私たちの生活や仕事がどのように変わっていくのかに影響するひとつの要素であることは間違いなさそうです。

ALL ABOUT THE ROBOT BUSINESS

5 人の強さを引き出す「弱いロボット」

「弱みは強みにもなる」

人事系の研修でも聞かれそうな言葉ですが、この言葉はロボットにも当てはまります。「できない」が強みになる、そんなロボットの世界を覗いてみましょう。

近年、コミュニケーションロボットの進化は私たちのくらしを大きく変え始めています。前節で紹介したように多くの企業が開発に参入し、その数は急増しています。

しかし、ロボットが人間と自然にコミュニケーションを取り、意図を汲み取ることは、依然として難しいのが現実です。このような背景のなかで注目を集めているのが「弱いロボット」です。これらのロボットは、必ずしも完璧ではありませんが、その不完全さが逆に人間の強さを引き出す要因となっています。

興味深いのは、弱いロボットがどのように人々の行動を変化させるかという点です。たとえば、豊橋科学技術大学が開発したあるゴミ回収ロボットはゴミを拾うことはできませんが、モジモジとした動作をすることで、周囲の人々が自発的にゴミを拾うよう促すのです。このようなロボットは、子どもたちにとって新たな発見や楽しみを提供し、コミュニケーションの重要性を再認識させてくれます。実際、ロボットが不完全であることが、利用者の心の余裕を生むことにつながると言われています。人々は、ロボットの「弱さ」に対して共感を覚え、より相手のことを想った接し方をするようになるのです。

さらに、弱いロボットの不完全さは、人々の寛容性を引き出す要因にもなります。パナソニックが開発した「ＮＩＣＯＢＯ《ニコボ》」というロボットは、家庭のなかで掃除をしたりすることはできません。自分から話しかけたり、感情的な表現をすることで、ユーザーに癒しや共感をもたらしますが、ときにはその行動が予測不能であったり、うまくコミュニケーションが取れなかったり、そしてなんとオナラをすることもあります。この頼りなさが逆に人間とのインタラクションを豊かにし、「支えてあげたい」という感情を引き出す効果を生むのです。認知症の人が店員をしているレストランで注文を忘れられても、お客さんが怒らず飲食していることがメディアで注目を集めたことがあります。同じようにロボットが完璧でないことで、逆に人々が優しさや思いやりを持って接するようになるのです。このような関係性は、ロボットと人間のあいだに新たな価値を生み出し、共在の重要性を再認識させてくれます。

コミュニケーションにどこまでの機能的な性能を求めるのかは、使うシーンによって異なるのかもしれません。しかし、弱いロボットが示すのは、必ずしもロボットが何でも完璧にこなすことだけが役割ではないということです。

本来、人が持っている「寛容さ」「共感」「利他」のような強さをロボットがうまく引き出すことで、人と人が助け合う社会につながっていくのかもしれません。私たちがロボットと共に生きる未来に向けて、どのようにこれらの技術を活用していくのか、考える必要があります。弱いロボットがもたらす可能性を探求し、人間らしい社会の実現に向けて、一歩ずつ進んでいきたいと思います。

ALL ABOUT THE ROBOT BUSINESS

6 コミュニケーションの架け橋になるロボット

「コミュニケーションロボット」と聞くと、多くの人がロボットと人が会話しているシーンを思い浮かべるのではないでしょうか。つまり、人とロボットのコミュニケーションです。

しかし、コミュニケーションロボットが持っている可能性は、そこだけにはとどまりません。ここでは多様化するコミュニケーションについて考えてみましょう。

私たちの日常生活のなかで、コミュニケーション手段は進化を続けています。電話やメール、ＳＮＳなど、さまざまな方法で人と人がつながる時代ですが、これらの手段には負担が伴うこともあります。特に離れて暮らす家族や友人とのコミュニケーションでは、返信のタイミングや内容に気を遣いすぎてしまうこともあるのではないでしょうか。離れて住む高齢の親や生まれたばかりの孫の様子が気になるけれど、相手の都合もあるので、頻繁に連絡はしにくい。そんな経験をお持ちの方も少なからずいるのではないかと思います。

そんななか、コミュニケーションロボットが新たな解決策としての可能性を示しています。たとえば、パナソニックが開発した「cocoropa《ココロパ》」は、離れた家族との「想い」をつなぐことを目的としたロボットです。自分の家にあるロボットの頭を押すと、自分と相手のロボットが片手を上げるというシンプルな仕組みで、「あなたのことを想っていますよ」という想いを非言語的に伝達することを可能にし、気軽に心のつながりを感じさせてくれます。実際に使っている家庭では、9割以上から「遠くにいる家族とのつながりを感じられるようになった」との声が寄せられています。

現在、コミュニケーションロボットは、主に人間とロボットのあいだでの対話をおこなっていますが、今後は人間同士のコミュニケーションを支援する役割も担うようになるでしょう。**つまり、ロボットはコミュニケーションの仲介者としての役割を果たすことが**

期待されています。特に少子高齢化が進む日本では、孤独感を軽減し、社会的なつながりを促進するという価値が高まっています。

また、コミュニケーションする相手は人間だけに限りません。最近では、自然と人間のコミュニケーションを深めることを目的としたコケロボットの「ＵＭＯＺ《ウモズ》」も発表されています。このロボットは、たとえば光が好きなコケや湿気が好きなコケといったコケの持つ特徴をロボットに実装することで、まるでコケという自然が意図を持ったかのように振る舞うようになっています。ロボットの動きを見ることで、コケについて、自然の存在について考えるようになり、自然とのつながりを再認識し、ユーザーの自然環境への理解や感度を深めることができます。

遠隔の人をつなぐロボットも、人と自然をつなぐロボットも、ある意味では、親しい人、自然という当たり前の存在を大切に想う心を引き出していることになります。当たり前すぎる存在だからこそ、ロボットという第三者的な存在が介在することで、想いを顕在化させ、共感することを手助けできるのかもしれません。このような機能は、これまであまり考えられてこなかった新しいロボットの価値となっていくでしょう。

ALL ABOUT THE ROBOT BUSINESS COLUMN

同窓会にロボットが参加する未来

ある日、友人の家を訪れると、リビングに小さなロボットが座っていました。そのロボットは家庭用の掃除ロボットではなく、話しかけると返事をしてくれる「コミュニケーションロボット」でした。驚いたことに、その友人はロボットに名前をつけ、まるで家族の一員のように接しています。

この一見ユニークな光景は、私たちの未来の一端を垣間見せているのかもしれません。では、このままコミュニケーションロボットが進化し普及していくと、人とロボットはどのような関係性を築くことになるのでしょうか。

未来の家族の一員には、生まれてから死ぬまで一緒に育ったロボットも含まれているかもしれません。そんなロボットが存在することで、人々の生活はどのように変わるのでしょうか。たとえば、自分が亡くなったときに、そのロボットに葬儀に参列してもらうことを望むかもしれません。私たちの感情や思い出を共有するロボットが、人生の最期の瞬間に立ち会うことを考えると、不思議な気持ちになります。

教育分野でもロボットの導入が進んでいくでしょう。小学校の教室に教師アシスタントロボットが1台ずつ配置される未来が現実になるかもしれません。これにより、教師の負担が軽減され、きめ細やかな指導が可能になります。この先の未来、このロボットが生徒たちと本当に親密な関係を築いたとしたらどうなるでしょうか。ロボットが学生たちの成長を見守り、一緒に思い出をつくる存在となることで、人とロボットの関係はさらに深まります。卒業して何年か経ったとき、同窓会に恩師の先生方にも参加してもらいたいと思うのと同じように、学生たちは一緒に過ごしたロボットに対して、同窓会に参加してほしいと思うでしょうか。ロボットと昔話に花を咲かせ、生徒はロボットに自身の成長した姿を見せ、逆にロボットは経年劣化した自身の部品について語るようになるかもしれません。

現代のロボットは、家庭や介護施設、職場での簡単な会話など、サポート役としての役割を担っています。しかし、技術の進歩により、ロボットはより高度なコミュニケーション能力を持ち、感情を理解し、それに応じた反応を返すことができるようになるでしょう。こうしたロボットが道具という域を越えて、人間のパートナーとしての地位を確立する可能性は大いにあります。

そして、さらにその先、ロボットが私たちの生活にどのような変化をもたらすかは、未知数の部分も多いです。しかし、技術の進化とともに、人とロボットの関係が深まっていくことは確実です。未来には、ロボットが私たちの親しい友人や家族の一員として、一緒に歩む日が来るかもしれません。そのとき、私たちはどのようにロボットと接し、どのような関係を築いていくのでしょうか。

感情的な側面はもちろんのこと、ロボットの生死やロボットによる過失などロボットの権利や責任などの倫理的、法律的な側面からも考えておくことが重要です。

第4章

スマートファクトリーから学ぶ産業用ロボットの世界

Chapter 4

The World of Industrial Robots

ALL ABOUT THE ROBOT BUSINESS

1

ロボットの歴史を切り拓いた立役者

あなたがいま乗っている自動車、そして、手にしているスマートフォン。その精密な機械を組み立てているのは、実は人間ではなくロボットかもしれません。驚くべきことに、世界の工場で稼働する産業用ロボットの数は、2023年時点で約400万台に達しています。これは、横浜市や大阪市の人口よりも多い数です。私たちの生活を支える「縁の下の力持ち」、それが産業用ロボットなのです。

産業用ロボットの歴史は、1954年にアメリカで幕を開けました。技術者のジョージ・デボルが「プレイバックロボット」というロボットの原型となる概念を特許出願したのです。その後、1962年にユニメーション社が開発した世界初の産業用ロボット「ユニメート」が登場し、さらに、ユニメーション社と川崎重工業が技術提携をおこない、

1969年に日本初の産業用ロボット「川崎ユニメート」を開発したことが、産業用ロボット時代の幕開けにつながりました。特に当時、自動車業界での溶接作業を中心に導入が進められ、手作業に比べて大幅に効率化を図ることができたのです。

この成功をきっかけに、1970〜80年代にかけて世界中で産業用ロボットの普及が進み、「ロボット元年」と呼ばれる1980年を迎えます。この時期、日本は特にその技術力で世界をリードし、自動車や電子機器産業を中心に多くの企業がロボット導入を積極的に進めました。その背景には、油圧から電動へといった技術的な進化はもちろん、日本の製造業が置かれていた社会的・経済的な状況があります。二度のオイルショック、グローバルな競争の加速、そして止まらない人口の都市集中といったさまざまな要因のなかで、生産性や効率を重視する生産体制への転換を迫られていたのです。

1980年代、産業用ロボットは急速に成長しました。日本ロボット工業会の正会員数は1980年の36社から1991年には79社へと倍増しています。驚くべきことに、この時期の日本製産業用ロボットの世界市場シェアは90%に達していました。自動車産業を中心とした日本のものづくりの強さを支えていたのは、まさに産業用ロボットだったのです。

産業用ロボットの活用事例は多岐にわたります。自動車産業では、溶接、塗装、組み立てなどの工程で広く使用されています。電子機器製造では、精密な部品の実装や検査にロボットが活躍しています。この2つの産業は、いまでも産業用ロボット全体の48%、約半分を占めているのです。

産業用ロボットがもたらした主な効果のひとつは「生産性の劇的向上」です。たとえば、自動車工場においてロボットアームを用いた自動溶接や塗装の導入により、人間がおこなっていた作業が数倍の速さで、しかも正確に行えるようになりました。これにより、人件費の削減だけでなく、品質の均一化や作業の安全性も飛躍的に向上しました。また、2000年代には、ロボットの「知能化」が進み、より複雑な作業や微細な操作をおこなうことが可能となり、工場全体の生産効率がさらに高まりました。

結果として、産業用ロボットの導入により、コスト削減や作業時間の短縮、そして、エラー率低下に伴う欠陥品の大幅な減少などが実現され、特に製造業において産業用ロボットは「欠かせない存在」となったのです。

産業用ロボットの進化により、自動化が進む一方で、単純作業に従事していた労働者の仕事が奪われるという懸念も広がっています。もちろん、人がおこなっていた作業が代わりにロボットによりおこなわれることもあるので、ある意味では仕事は奪われるのかもしれません。

しかし、これまでのデータを分析した東京大学らの研究によると、ロボットの普及は必ずしも従業員の数を減らすということにはつながっていません。むしろ、ロボット導入は、生産性の向上や製品競争力の強化につながり、企業規模を拡大させ、自動化できていない仕事も増加します。**そのため、ロボットの導入が従業員増加につながるという結果も出ているのです。**

まさに「産業用ロボットをどのように活用していくか」が企業の競争力に直結すると言っても過言ではない状況なのです。産業用ロボットは、私たちの生活を支える縁の下の力持ちとして、これまでも、そして、これからも進化を続けていきます。その進化は、生産性の向上だけでなく、働き方改革や社会課題の解決にも貢献するのです。

ALL ABOUT THE ROBOT BUSINESS

2

数字で見る産業用ロボットの現状

東京ドーム11個分。何の数字でしょうか。

国際ロボット連盟（ＩＦＲ）の２０２３年データによると、産業用ロボットの出荷台数は54万台、稼働台数は４２８万台を超えました。１台あたり1平方メートルとすると、その面積はそれぞれ東京ドーム11・６個分、91・６個分となるのです。

ちょっとイメージが湧かないかもしれないので、ロボットを横に並べてバケツリレーをさせてみましょう。毎年の出荷台数でおこなうと約５００キロメートル、稼働台数でおこなうと４５００キロメートルほどになります。前者は東京から大阪まで、後者は東京からカンボジアあたりまで届けることができることを意味します。

少し脱線したので、話を統計データに戻しましょう。出荷台数は今後も年々増加し、２０２４年から２０２７年にかけて年平均４％の成長が見込まれ、27年には出荷台数は60万台を超える見通しです。これは、１分間に１・１台のペースでロボットが導入されることを意味します。企業が生産性を追求するなかで、製造業の自動化は進み続けるのです。

また、面白いことに、人口密度ならぬ「ロボット密度（従業員１万人あたりのロボット数）」という指標もあります。

その値は、人口など規模によらず自動化の進展を示す重要な指標です。２０２２年時点で、世界平均は過去最高の１５１台に達し、わずか6年前の2倍以上となっています。これを国別のランキングで言うと、韓国（１０１２台）、シンガポール（７３０台）、ドイツ（４１５台）がトップ3を占めており、日本は第4位（同３９７台）と高い密度を誇っています。

何かと注目される中国は２０２１年に第5位に浮上し、２０２２年もその順位を維持しました。自動化テクノロジーに対する同国の大規模な投資が実を結び、およそ7・8億人とも言われる潤沢な就労者数にもかかわらず、従業員１万人あたり３９２台という高いロボット密度を達成しているのです。

この中国の勢いをより表現できるのが、国ごとの導入台数です。なんと年間出荷台数54万台のうち、中国は27・6万台と一国だけで半分以上を占めているのです。実は日本も2位と大健闘しているのですが、その数は4・1万台とトップの中国からは大きな差を付けられてしまっています。現在、中国がロボット産業の成長をリードしており、世界最大のロボット導入国として圧倒的な存在感を示しているのがよくわかります。

今後も産業用ロボットが産業として成長していくためには、もちろん課題があります。たとえば、低コスト化や操作の簡易化です。ロボット本体で数百万円、センサーを付けたり、連動するシステムまで整備しようとすると数千万円掛かってしまうこともあります。また、インテグレーターと呼ばれる専門的な技術者がいないとロボットを動かすことができません。

このような課題を解決することで、産業用ロボットの市場はこれまで費用面や人材面でロボットへの投資ができなかった中小企業にも裾野を広げ、より産業として成長していくことになるでしょう。生産性の向上や人手不足への対応がますます求められる社会のなかで、「縁の下の力持ち」が引き続き、活躍の場を広げていくことは間違いありません。

ALL ABOUT THE ROBOT BUSINESS

3 中小企業の未来を拓く「協働ロボット」

「自動車工場にしかロボットはいない」というイメージは、もはや過去のものです。実際には、産業用ロボットの活躍範囲は社会からの要望により急速に広がっており、食品や化粧品、さらには医薬品といった私たちの身近な産業にも導入されています。

産業用ロボットは、長い間、自動車や電機電子産業を支える重要な存在として活躍してきました。前述したように自動車工場での溶接や塗装、電機電子産業での精密な組み立てや検査の工程では多くのロボットが使われており、特に大量生産を必要とする製品でその力を発揮しています。

しかし、ロボットの一大活用産業である自動車分野において、ここ数年で大きな変化が訪れています。**それは「電気自動車（EV）化」です。**ＥＶの普及が進むにつれ、自動車製造での部品や工程が変化し、新しいロボット技術が求められるようになっているのです。

たとえば、テスラが採用して話題になったギガプレスという一気に自動車のボディを作ってしまうものづくりは、それまで１７１個あった部品を2個にまで削減し、溶接個所も１６００カ所削減するなどロボット活用機会という意味では一気に削減しました。

一方で、バッテリーの製造という意味では、当然新たなロボットニーズが生じます。セルと呼ばれるバッテリーの単位では数キログラムという比較的小さなロボットが必要ですし、モジュール工程においては２００キログラム、最終的な組み立て工程では１トンが運べるロボットが使用されるなど多種多様なロボットが必要になってくるのです。

自動車や電機電子産業といった伝統的にロボットが使われてきた産業とは違う、新しい産業への産業用ロボットの活用も始まっています。特に、これまでロボット導入を躊躇していた中小企業で、ロボット活用が急速に広がっているのです。食品・化粧品・医薬品の三品産業では、多品種少量生産への対応が求められる一方で、人手不足や生産性向上の課題に直面しています。そんななか、使いやすく手頃な価格になったロボットが、その課題を解決する手段として注目されています。

また、製造業でも中小企業におけるロボット活用が進み始めています。たとえば、石川県の有川製作所という金型製作やプレス加工を手掛ける中小企業では、協働ロボットを導入しました。結果として、プレス工程や検査工程の自動化により生産性がそれぞれ9%、22%向上し、経験豊富なベテランを単純作業から解放するなどの効果を上げています。

そして、効果はそれだけにとどまりません。**驚くべきことに、最新技術を導入する先進的企業としてのブランドを確立することで若手人材の採用が加速しました。また、事業としての柔軟な生産体制を構築できたことで多品種小ロット生産のビジネスの幅を拡大できたのです。**

この事例は、ロボット導入が直接的な生産性の向上だけでなく、企業の競争力強化や人材育成、さらには採用面でも好循環を生み出す可能性を示しています。中小製造業がロボット技術を活用して、持続可能な成長を実現する、ひとつのモデルケースと言えるでしょう。

このような中小企業や新規分野でのロボット活用を支えているのが「協働ロボット」と呼ばれる新しいタイプのロボットです。**従来のロボットは、使うために柵で囲うなどの安**

全対策が必要だったのですが、協働ロボットは人と同じ空間で安全に作業ができるようになっています。工場内のレイアウト変更や大規模な設備投資が不要で、中小企業でも手軽に導入できるのが特徴です。実際、協働ロボットの市場は急速に成長しており、産業用ロボット全体の約10%を占めるまでになりました。

産業用ロボットは伝統的な自動車産業でも電動化といった市場のトレンド変化により、絶え間ない進化を遂げています。産業用ロボットの進化と普及は、もはや特定の大企業や工場の話ではなく、私たちの身近な産業やビジネスに直接的な影響を与えています。そして、協働ロボットのような新しい技術の導入により、効率化や生産性向上が進み、中小企業を含む幅広い業界や企業でロボット技術が活用される未来が目前に迫っています。

この技術革新を最大限活用できる企業こそが、今後の競争力を握ることになるでしょう。

ALL ABOUT THE ROBOT BUSINESS

4

現在進行形の産業革命

みなさんは、最近購入した製品がどのように作られたか考えたことがあるでしょうか。実は、その製造過程で驚くべき変革が起きています。

ドイツのある自動車工場。そこでは、無数のロボットアームが忙しく動き回っています。しかし、よく見ると従来の工場とは明らかに違う光景が広がっています。ロボットたちが互いに「おしゃべり」し、工場全体の状況に応じて自律的に動きを変えているのです。ロボットたちは単独で動くだけでなく、工場全体の生産システムにつながり、まるで工場全体が頭脳を持った生き物のように、最適化された動きをしています。

これこそが、「インダストリー4・0」の目指す「スマートファクトリー」の姿です。

インダストリー4・0は、新しい産業革命のコンセプトで、2011年にドイツで提唱されました。この概念は、IoTやAIなどの最新技術を駆使して製造業を根本から変革しようというものです。ここでは、ロボットや生産設備がネットワークでつながり、リアルタイムでデータを共有しながら、品質の向上や生産効率など工場全体の生産を最適化します。**まさに、工場全体がひとつの巨大なロボットのように機能するのです。**

従来の製造業は、ロボットがひとつの作業工程を担当し、ライン全体を人間が管理していました。しかし、新しい考え方では、ロボットや機械が自らの状態や作業の進行状況を他の機械と共有し、全体の生産プロセスを自動的に調整します。これにより、トラブルが発生してもすぐに対処でき、無駄のないスムーズな生産が可能になります。

具体例を見てみましょう。BMWのドイツ・ディンゴルフィング工場では、約2000台のロボットが稼働しています。たとえば、ある工程で遅れが生じた場合、他の工程のロボットがそれを察知し、自動的に作業速度を調整します。状況に応じて柔軟に対応するのです。

さらに、BMWは「デジタルツイン」という技術も活用しています。これは、工場全体のデジタルコピーをつくり、実際の生産がどのようにおこなわれるかをシミュレーションできる技術です。実際に生産を開始する前に、仮想世界でレイアウトを試し、ロボットや物流システムを最適化することで、全体を効率化し、コストを削減することができるのです。この結果、同社では、生産効率を30％向上させています。

インダストリー４・０では主にデジタル化による効率化や発展を目指してきましたが、持続可能性や産業間の連携などは後回しと言っても過言ではありません。そのため、産業革命は第４次から第５次へと進化し始めました。「インダストリー５・０」の登場です。

２０２１年に提唱されたインダストリー５・０では、将来の世代に負担を残さず、人の働きやすさという人間中心と利益の最大化を図り、危機的状況に陥っても柔軟性を持って適応することで発展を目指しているのです。

サプライチェーン全体を最適化する取り組みも進んでいます。特に注目されているのが、「Catena-X」と呼ばれる取り組みです。これは、自動車業界全体でのデータ共有プラットフォームで、メーカーやサプライヤーがデータをリアルタイムでやり取りし、サプライチェーンの効率を飛躍的に向上させることを目指しています。このシステムにより、自動車メーカーやサプライヤーは、生産計画、在庫状況、品質データなどを安全に共有できます。

ある部品に不具合が見つかった場合、Catena-Xを通じて迅速に情報を共有し、影響を受ける車両を特定して効率的にリコールをおこなうことができます。これにより、従来は数週間かかっていた対応が数日で完了するようになり、コストと時間の大幅な削減が可能になります。

また、Catena-Xは環境問題への対応にも一役買っています。各企業の環境負荷データを共有することで、サプライチェーン全体での二酸化炭素の排出量削減に貢献しているのです。これは、カーボンニュートラルが注目される現在のビジネス環境において、非常に重要な取り組みと言えるでしょう。単なるコスト削減だけでなく、持続可能な社会の実現に向けた大きな一歩となるのです。

この変革は製造業だけでなく、私たちの生活にも大きな影響を与えます。

たとえば、スマートファクトリーの実現により、多品種少量生産が容易になります。つまり、消費者一人ひとりの好みにカスタマイズされた製品を、大量生産品と同じコストで、そして納期が短縮され、環境負荷も少ない状態で製造することができるようになるのです。

近い将来、あなたの好みに合わせて作られた世界にひとつだけの製品が、お手頃な価格で手に入るかもしれません。

もちろん、これらの技術にはまだ課題も残っています。インダストリー5・0の技術をすべての工場や企業が導入できるわけではありません。初期投資やシステムの統合には高いコストがかかり、中小企業にとっては負担が大きいです。また、データセキュリティの問題も無視できません。多くの機器やシステムがネットワークを通じて接続されるため、サイバー攻撃のリスクが高まります。さらに、人材育成も大きな課題です。高度なデジタル技術を扱える人材の確保や、従来の工場労働者のリスキリングが必要になります。日本の製造業では、デジタル人材の不足が深刻で、必要な人材の約7割が不足しているという調査結果もあります。

インダストリー4・0、そしてその先の5・0は、技術の進化はもちろんのこと、産業全体のパラダイムシフトを引き起こしています。課題もありますが、その解決に向けた取り組みが進んでおり、今後のさらなる発展が期待されます。

私たちの身の回りの製品が作られる現場で、まさに静かな革命が進行しているのです。

ALL ABOUT THE ROBOT BUSINESS

5

ロボットが実現する循環型経済

みなさんがスマートフォンを新しい端末に切り替えるとき、古い端末の行く末を考えたことはあるでしょうか。実は、みなさんの手を離れたスマートフォンが、最新のＡＩロボットによって解体され、リサイクルされるかもしれないのです。

いま、ビジネスの世界で「静脈産業」が熱い注目を集めています。「動脈産業」が原材料から製品を製造する過程を指すのに対し、「静脈産業」は使用済の製品を回収し、リサイクルする過程を指します。**この静脈産業で、ロボット技術の活用が急速に進み始めているのです。**

たとえば、埼玉県深谷市の「シタラ興産サンライズＦＵＫＡＹＡ工場」。ここでは、建設現場から排出される混合廃棄物の選別にフィンランドのゼンロボティクス社のＡＩロボットを導入しています。従来、この作業は人手でおこなわれており、重労働かつ過酷な環境下での作業を強いられていました。しかし、ロボットの導入により、作業環境が大幅に改善されただけでなく、選別の精度と効率も向上しました。具体的には、作業効率は約6倍になり、リサイクル率も10％向上、結果として売上は2倍以上、人件費は1割以上削減というとても大きな経営インパクトを実現したのです。

家電リサイクルの分野でも、ロボットの活用が進んでいます。大手家電メーカーなどでは、使用済の家電製品の解体にロボットを導入し、リサイクル率の向上と作業効率の改善を実現しています。たとえば、パナソニックが開発したエアコンの解体ロボットでは、ロボットアームが室外機を解体し、人手作業に比べて3分の1以下の時間で作業できることを証明しています。

このような静脈産業でのロボット活用は、３Ｋや人手不足への対応、生産性向上というだけでなく、環境問題への対応としても重要な意味を持ちます。世界的に環境への関心が高まるなか、サーキュラーエコノミー（循環型経済）の実現が急務となっています。サーキュラーエコノミーとは、資源投入量と廃棄物排出量を最小化しつつ、持続的な収益性の確保につながる経済活動のことです。

静脈産業の効率化と高度化は、このサーキュラーエコノミーの実現に不可欠です。たとえば、プラスチック廃棄物の問題に対しては、ＡＩを活用した高精度な選別ロボットが開発されています。これにより、従来は焼却処分されていたプラスチックの多くがリサイクル可能となり、資源の有効活用と環境負荷の低減が同時に実現されつつあります。ある企業では、この技術の導入により、プラスチックのリサイクル率を30％から80％に向上させ、年間の二酸化炭素の排出量を1万トン削減することに成功しました。

さらに、静脈産業の高度化は、エンジニアリングチェーン、すなわち製品開発そのものにも影響を与えることになります。自動解体しやすい設計や、リサイクルしやすい材料の選択など、製品のライフサイクル全体を考慮した設計が求められるようになっていくでしょう。これは、動脈産業と静脈産業の連携が、これまで以上に重要になることを意味しています。

ALL ABOUT THE ROBOT BUSINESS

6 ヒューマノイド活用が進む世界、進まない日本

世界初の二足歩行ロボットが一歩進むのに何秒かかったか、予想してみてください。

正解は「45秒」です。１９７３年に早稲田大学加藤一郎教授らが開発した「WABOT-1」はそれくらいゆっくり進んでいたのです。そこから約20年後の１９９６年、大学ではなく企業であるホンダが「Ｐ２」という二足歩行ロボットを開発し、その確かな歩行が一般の人や業界人までも驚かせました。それが２０００年に発表された「ＡＳＩＭＯ」につながっていきます。可愛らしく、そして元気よく小走りをする姿を見たことがあるかもしれません。

そして現在、世界中で一気にヒューマノイドの開発競争が激化しています。かつてＳＦ

映画のなかでしか見られなかったヒューマノイドロボットが、現実のものとなりつつあるのです。もちろん、製造業の現場も例外ではありません。

これまで、製造業におけるロボットといえば、産業用ロボットアームが主流でした。これらのロボットはひとつの作業に特化しており、高精度かつ高速に動作することで生産現場を支えてきました。しかし、より柔軟で多用途なヒューマノイドロボットが登場することで、その風景が一変する可能性があります。

特に注目すべきなのは、自動車業界の巨人たちが、ヒューマノイドロボットの検証や導入に本腰を入れ始めていることです。ＢＭＷやメルセデス・ベンツ、フォルクスワーゲンといった世界的な自動車メーカーが、アメリカや中国の工場でヒューマノイドロボットの試験導入を開始しました。

この急激な変化の背景には、ＡＩの劇的な進化があります。それにより、ヒューマノイドロボットの認知能力と動作の多様性が飛躍的に向上しました。まだまだ動作自体は人と比べてしまうと見劣りするところはありますが、ヒューマノイドは人間とほぼ同じ動作をすることができます。ロボットアームに頼るだけではなく、ヒューマノイドが活躍することで、多品種少量生産であっても生産ライン全体がより柔軟かつ頑健に、そして効率的になる可能性があるのです。

しかし、バラ色の未来ばかりではありません。課題も山積みです。

まず、初期投資コストが高額であることです。高度な技術を要するヒューマノイドロボットは、安く見積もっても従来の産業用ロボットと比べて2～3倍のコストがかかることになるでしょう。移動するためバッテリー駆動となり、稼働時間の問題もあります。しかし、テスラのイーロン・マスクは、本格的にヒューマノイドロボットの開発を始め、26年には商用化し、1台2～300万円で提供することを目的としています。

そして、米国・中国・欧州でそれぞれ巨額の開発投資がおこなわれ、実際に中国では100万円を切る価格帯でヒューマノイドの販売が始まったりもしています。

一方で、技術的な進化も不可欠です。ヒューマノイドは完璧ではありません。特に繊細な作業や複雑な判断を素早く必要とする場面では、人間のほうが圧倒的に優れています。そのため、今後はＡＩのさらなる進化とともに、ヒューマノイドがどこまで人間に近い作業力や対応力が実現できるかが重要なポイントとなるでしょう。

このような状態のなかで、日本ではいまだ本格的なヒューマノイドロボットの現場投入についての情報に触れることがありません。**50年以上前からヒューマノイドロボットの技術開発をリードしてきた日本が、ビジネスシーンでは大きく出遅れてしまっているのです。**

日本人の思考特性からすると、従来の産業用ロボットと比べると性能が低いヒューマノイドロボットを使う必然性を問いたくなってしまいます。一方で、世界はというと、必然性というよりもロボットにできる可能性があるならやらせてみるという発想で現場に投入し、高速にフィードバックを回しているように見受けられます。今回のバブルのような勢いのなかで、どこまでヒューマノイドロボットが普及するかはわかりません。それでも彼らが積極的に挑戦するのは、競合他社に先んじて導入することで得られる技術や知見によって、大きな競争優位を得られる可能性があるからです。

「ヒューマノイドだらけの工場」。それはもはや遠い未来のSFの話ではありません。私たちの目の前に、ひとつの可能性として、選択肢として、急速に近づいてきています。

ALL ABOUT THE ROBOT BUSINESS COLUMN

デンマークが切り拓いた協働ロボットの世界

従来の産業用ロボットとは異なり、安全柵なしで人間のすぐそばで働くことができる「協働ロボット」。ロボットの活用シーンの拡大に伴い、そんなロボットを活用する現場が増えています。そして、この革新的な技術を世界に広めたのが、デンマークのスタートアップ企業、Universal Robots（以下UR）なのです。

URは2005年、デンマークのオーデンセで創業しました。創業者たちは、当時の産業用ロボットが大型で高価、そして使いにくいことに着目し、中小企業でも導入できる小型で柔軟性の高いロボットの開発に乗り出しました。そして2008年、世界初の協働ロボット「UR5」を発表したのです。

この協働ロボットの登場は、製造業に革命をもたらしました。従来のロボットとは異なり、プログラミングの専門知識がなくても簡単に操作でき、さまざまな作業に適応できる柔軟性を持っていたのです。URは、自動車メーカーや電機メーカーはもちろん、工具メーカー、建設会社、食品メーカー、化学メーカー、医療施設など従来のロボット分野にとらわれない幅広い領域で使われ、省人化、生産性向上、不良品削減など多くの効果を実現しています。たとえば、病院では薬剤の調合や検体の取り扱いに使われ、医療ミスの低減と効率化に貢献しています。また、農業分野では、果物の収穫や選別作業に導入され、人手不足の解消に役立っているのです。

URの成功は、デンマーク全体のロボット産業の発展にも大きな影響を与えました。正確に表現するならば、デンマーク全体としてのシステムのなかで必然的にURは誕生したのかもしれません。デンマークでは、オーデンセを中心に、ロボット関連企業が次々と誕生し、「ロボットバレー」と呼ばれる一大産業クラスターが形成されています。政府や大学、民間企業が協力して、国としてイノベーションを創出できるエコシステムを構築し、人材育成、技術開発、起業支援などをおこなっているのです。

そして、URも、ロボットアームに接続できるデバイスなどを「UR＋」として認証し、独自のエコシステムをグローバルに構築しました。さらには、URは、協働ロボットの操作やプログラミングを学べる場としてオンライントレーニングプラットフォーム「UR Academy」を立ち上げ、世界中のユーザーに向けて、継続的な技術革新と教育プログラムの提供に力を入れています。２０１５年、URはアメリカの自動試験装置メーカーであるテラダイン社に2億８５００万ドル（約３００億円）で買収されましたが、その後も成長を続けています。そして、２０２４年7月にはUR＋の適合製品が５００点を超えたと発表しました。これは、URが協働ロボットの「オープンプラットフォーム」として進化し続け、競争優位性のあるエコシステムを構築していることを示しています。

URの成功は数字にも表れています。２０２０年には世界中で累計5万台の協働ロボットを導入し、２０２２年には協働ロボット市場の40～50％のシェアを占めるまでに成長しました。また、２０２４年5月には、自律型モバイルロボットを製造するMobile Industrial Robotsと共同で新しい本社を開設し、さらなる技術革新を目指しているのです。

デンマークが切り拓いた協働ロボットの世界は、まだ発展の途上にあります。そして、中国など新興勢力との競争は激化していくものと予想されます。

しかし、彼らが発展の過程で見せた「イノベーションを創出するための国レベルのエコシステム」と「競争優位性を維持するための業界内のエコシステム」という2つのエコシステムを活用したアプローチは、今後に続く多くのイノベーターたちが見習うべきポイントかもしれません。

第5章

掃除ロボットから学ぶ国際競争の世界

Chapter 5

The World of Cleaning Robots and Their Global Competition

ALL ABOUT THE ROBOT BUSINESS

1

軍事技術から生まれた「ルンバ」

掃除ロボットと言えば「ルンバ」。多くの人がそんな印象を持っているかと思います。もはや掃除ロボットのことをルンバと呼ぶ人も大勢います。ホッチキスのように商品名が商品カテゴリーそのものの呼び方になっているのです。

しかし、ルンバを開発したiRobot社はもともと軍事ロボットの会社ということをご存じの方はロボット業界以外では少ないかもしれません。

iRobot社が開発したパックボットというロボットは、9・11のテロの捜査、イラクやアフガニスタンでの偵察や爆弾処理に3500台も投入された実績もあります。そして、日本人もとてもお世話になったロボットでもあります。東日本大震災による福島第一原発事故の際には、いち早く現場に導入され、放射線量の計測や内部状況の動画撮影に活用されたのです。

１９９０年、アメリカの名門大学ＭＩＴで教授を務めるロドニー・ブルックスと彼の仲間たちはiRobot社を設立し、最初は軍事用のロボットの開発に注力しました。

創業者のブルックスは、ロボット工学界で非常に有名な人物です。**彼は「サブサンプション・アーキテクチャー」という概念を提唱し、ロボットをより生き物のようにシンプルな行動の組み合わせで動くようにしたのです。** 真っすぐに進み、ぶつかったら回転し、また真っすぐに進む。掃除ロボットのこのシンプルな行動の繰り返しはまさにブルックスの技術そのものです。

彼らは、軍事用ロボットで得た技術を応用し、２００２年に家庭用ロボットである初代「ルンバ」を発売しました。「退屈・不衛生・危険な仕事から人々を解放する」というビジョンは維持したまま、Ｂ２Ｂ市場からＢ２Ｃ市場に変更したのです。高機能でニッチな軍事市場から、低機能で規模が大きい掃除市場への転地です。この経営判断は大きな転機となり、会社の発展を決定づけました。ルンバは、効率的な部屋の掃除が可能で、その使いやすさや性能が評価され、一躍人気商品となりました。創業から13年間連続赤字から脱却し、ルンバ商品化の翌年2003年には黒字化を達成したのです。本格的に世の中に普及したサービスロボットの第1号の誕生の瞬間です。

ルンバの成功は、iRobot社の巧みな戦略転換と革新的な技術力によるものです。そして、それは単に掃除を楽にするだけでなく、人々の生活様式や文化を変えるほどの影響を与えました。小さな円盤型ロボットが、家事の概念を根本から覆し、仕事や買い物など出かけているあいだに部屋をきれいにしてくれるという新しい文化を創造したとも言えるのです。

実際、ルンバは、絶えず進化を繰り返しながら、世界で累計5000万台以上が販売されています。日本での世帯普及率は2024年に10%を超え、いまや多くの家庭でその姿を見かけるようになりました。

ALL ABOUT THE ROBOT BUSINESS

2　猛追する中国メーカー

最近、家電量販店に行きましたか？

テレビ、冷蔵庫、エアコン、多くの家電商品が売られているなかで、掃除ロボットもかなり大きなエリアを使い、販売されています。その一等地に置かれているロボットに変化が見られます。

掃除ロボットの市場では、ルンバで知られるアメリカのiRobot社が長らく市場を支配してきましたが、近年、その地位が揺らいでいることが明らかになっています。かつてはルンバ一択だった市場も、いまや多様な選択肢が生まれているのです。特に注目されているのが、中国のロボットメーカーです。彼らの勢いは目を見張るものがあり、驚くべきことに、iRobot社と中国トップのエコバックス社は、現在ほぼ互角のグローバルシェアを持っており、調査によっては、iRobot社が首位から陥落するというデータも見られます。さらにその後方では、三番手として中国のロボロック社が追い上げています。

中国製ロボットが「安かろう悪かろう」と言われていたのはもう昔の話です。いまやその評価は一変しています。現在では、エコバックスやロボロックといった中国企業は、非常に高いレベルのロボット技術やＡＩ技術を有しています。低価格帯から高価格帯まで、さらには吸引タイプから水拭きタイプまで、そして、自動洗浄ドックなど新しい機能も続々と市場投入しており、幅広いラインナップで消費者にアプローチしています。**この全方位的な戦略が、消費者のニーズに柔軟に対応し、市場シェアを獲得する要因となっています。**

その結果、エコバックスは２０２３年、ルンバを上回る販売実績を記録し、その時価総額は約４４０億元（約８６００億円）に達しました。これは、iRobot社の約5倍に相当します。このようにして、中国のロボットメーカーはその勢いを増し、業界全体を変革しつつあります。

中国企業は、母国市場の急成長に支えられてきました。拡大する中間層が掃除ロボットを特別な存在から一般的な家電のひとつにしたのです。そして、中国で鍛え上げられたコスト競争力も使いながら、グローバル市場に食指を伸ばし始めました。当然、海外に進出する中国企業は、ブランドの認知度と消費者の信頼という課題にぶつかりますが、グローバルなオンラインショッピングの拡大は、スタートアップメーカーが消費者に直接アプローチする手助けとなっているのです。

もちろん、iRobot社も「iRobot Elevate」戦略として、イノベーティブな新製品やブランド強化に取り組んでいますが、市場環境は厳しさを増しています。この世界的な競争は今後も続くでしょうが、それによって消費者にとってはよりよい選択肢が提供されることになるでしょう。

ALL ABOUT THE ROBOT BUSINESS

3 とどまることを知らない中国製ロボットの勢い

モーレツ社員。かつて日本人に対して言われたこの言葉は、現在の中国のビジネスパーソンに当てはまるかもしれません。

顧客のところに行き、どのような困りごとがあるのかを聞いたら、すぐに改善し、試作品を持ってきて、また改善点を聞き出す。シンプルで当たり前の行為を徹底的かつ超高速におこなっているのが、現在の中国ロボットメーカーです。

その理由のひとつに、とても激しい競争があります。先ほど紹介した家庭用の掃除ロボットもエコバックスとロボロックという中国勢同士のグローバルな競争があります。また、業務用掃除ロボットとなれば、Gaussian社などまた異なる強力なプレイヤーたちがしのぎを削っていますし、第1章で紹介した配膳ロボットにおいても、日本では市場を切り拓き、現在もトップシェアを誇るネコ型ロボットのPudu社も中国に戻れば、シェア第2位と同業のＫＥＥＮＯＮ社と非常に熾烈な争いをしているのです。

この激しい競争を後押しし、中国でのロボット産業創出を強力に推し進めているのが、中国政府です。２０１５年に「中国製造２０２５」と呼ばれる国策が発表されて以来、ロボット技術を含む先端技術分野での自国の競争力を高めようとする政策が連続的に打ち出されました。中国企業は研究開発費を惜しみなく投入し、高品質なロボットを市場に送り出しているのです。

最近国から打ち出された目標では、世界トップのロボット企業を10社創出し、2兆円産業まで押し上げることが宣言されています。これまで日本などにも頼っていた減速機などロボットのキーパーツと言われる部品の内製化も着々と準備を進めながら、結果としてすでに中国で使われる産業用ロボットの半分は中国製という状況にまでなってきているのです。

中国製ロボットも最初から性能が抜群だったわけではありません。本節の最初に紹介したようにモーレッツに性能改善を図っているのです。最初の頃は、一部のユーザーは製品に不満を抱えていたかもしれませんが、それさえも成長の糧としています。**まずは一部の許容範囲の広いユーザーへ導入を進めながら、こうしたユーザーのフィードバックを迅速に反映させることで、製品の品質を向上させ、いつの間にかユーザーの期待に応えるかたちで市場を拡大しています。**

これは、すでに強いロボットメーカーが多い日本からすると、顧客が要求する性能が自分たちのロボットの性能より低く、規模も小さいという理由で日本勢が攻めにくい市場から中国勢に攻められているということです。中国勢としては、そのような市場で顧客の満足を掴み、自分たちの実力を高めることで日本企業を追い抜こうとしているのです。

まさにクレイトン・クリステンセン教授の「イノベーションのジレンマ」の教科書的な事例と言えるでしょう。

しかし、すべてが順風満帆というわけではありません。中国製ロボットが抱える課題も明確です。たとえば製品の品質と信頼性の向上は依然として大きなテーマです。特にキーパーツの品質の安定性や、高速・高精度・高積載量といった高性能が必要なロボットの完成品、そして、それらを支える研究など産業全体の基盤はまだまだ脆弱に見えるところもあります。

もちろん、中国もそのようなことは織り込み済みで、着実、かつ迅速にキャッチアップを進めてくるでしょう。

中国の影響力は世界中に広がり続け、私たちの生活やビジネス環境にも大きな影響を与えることは間違いありません。配膳ロボットのように中国で育った技術が日本に入ってくることもあるでしょうし、逆にコミュニケーションロボットのＬＯＶＯＴのように日本で育った技術が中国にわたり、現地で新たなユーザーに鍛えられるということもあるでしょう。そして、育ち始めた中国メーカーを日本企業が買収するという事例も現れています。

中国製ロボットの勢いは、一見すると圧倒的ですが、その背景にはモーレツな努力と強かで大胆な戦略があります。中国のロボット競争力の進化は、今後さらに加速するかもしれません。

ALL ABOUT THE ROBOT BUSINESS

4

米中の両方に投資するソフトバンク

まん丸な瞳で見つめてくるペッパーくん。どこかで一度は目にしたことがある方も多いのではないでしょうか。

コロナ禍の2021年には、野球の福岡ソフトバンクホークスのホームゲームで、100体の「Pepper」が観客席で一糸乱れぬ応援をしていることが、最大のロボット応援団としてギネス世界記録にも認定され、話題になったりもしました。

実はこのソフトバンクは、アメリカと中国がロボティクス分野でのリーダーシップを巡って熾烈な戦いを繰り広げているなどグローバルに加熱する競争のなかで、独自のポジションを築いているのです。**もっといえば、その中心にいるといっても過言ではありません。**

投資会社としてのソフトバンクとしては、配膳ロボットのKEENON（中国）、Bear（アメリカ）に出資するほか、Pudu（中国）とも戦略的パートナーシップを結んでいます。また、物流系のロボットでは、自動倉庫を手掛けるAutoStore（ノルウェー）、Righthand（アメリカ）、Berkshire Grey（アメリカ）など世界中のロボット関係のトップ企業への投資をおこなっています。その範囲は全領域に網羅的におこなっているとも言え、ロボットアームを手掛けるAgile（中国）、業務用掃除ロボットのGaussian（中国）、Brain（アメリカ）、配送ロボットのNuro（アメリカ）など挙げ始めるときりがないほどです。

ソフトバンクの投資戦略は、単に「カネを出す」だけにとどまりません。自社でもロボット事業を展開し、手触り感を持ちながらロボット事業をおこなっている会社ということも特徴です。

たとえば、Pepperの事業では、感情を読み取って対話することができるロボットとして、さまざまな店舗への導入を進めました。また、バク転やパルクールを披露するヒューマノイドロボットや蹴っても倒れない四足歩行ロボットの動画で一躍有名になったボストン・ダイナミクス社の経営をおこなっている時期もありました。

心理面の極地ともいえるPepperと、身体面での極地ともいえるボストンダイナミクスという両サイドの対極的な技術の限界を同時に把握したうえで、配膳、掃除、物流といった現実的なビジネスを手掛けていることがソフトバンクの強みなのです。

ＡＩやロボティクス分野では、アメリカと中国が圧倒的な存在感を示しています。ロボットに関するトップカンファレンスでの発表件数を見ても、米国が約50％を占め、中国が続くという状況です。この競争は、技術革新だけでなく、次のビジネスのチャンスという意味で経済的な側面でも重要な意味を持っています。

米中は、政治的にも緊張関係、摩擦が生じる国同士になっています。もちろん、ロボティクスという技術もその摩擦の対象となるでしょう。ソフトバンクのロボット分野での戦略は、どのような状況に変化していったとしても、必ず中心となる企業としっかり握りながら構築されているように感じます。ソフトバンクの投資先に日本のロボットメーカーが非常に少ないのは残念ではありますが、熾烈なグローバル競争のなかで日本の企業が確固たる存在感を示しているのです。

ALL ABOUT THE ROBOT BUSINESS

5 日本のロボット産業の競争力を上げる鍵

「ルンバブル」という言葉をご存じでしょうか。

これは、２０１２年頃から一般的なメディアでも使われるようになった言葉ですが、掃除ロボット「ルンバ」が効率よく動き回ることができるように部屋の環境を整えることを意味します。ルンバブルな家具と言えば、たとえば、ルンバが下に潜り込めるように脚の高さが設計されているソファであったり、机の下も掃除できるように椅子がテーブルに掛けられるようになっていたりする家具のことを指します。掃除ロボットが物理的に入り込めない環境を少なくしようという考え方です。

また、掃除ロボットのユーザーに聞くと、大半の方が事前に少し部屋を片付けたりします。これは部屋が脱いだ洋服で散らかっていたりすると、ロボットが洋服を巻き込んだりして、途中で掃除が終わってしまうことを回避しようとするためです。「ロボットの性能が低い！」と文句を言いながらも「ロボットが動きやすい環境を整える」という行動によってロボットの性能を最大限に活用しようとしているのです。

意外かもしれませんが、この「ルンバブル」という考え方は、激化するグローバルなロボットビジネスの世界を、産業用ロボットで一時代を築き、現在も「ロボット大国」とも言われる日本が生き抜くための鍵になるのです。

「ルンバブル」という概念は、製造業が長年培ってきた「5S」や「三定」などのアプローチと似ています。「5S（整理・整頓・清掃・清潔・しつけ）」は、製造現場の効率化と品質向上を目的とする基本原則で、「三定（定位置・定品・定量）」は物品の管理を徹底するための基本的な手法です。これらのメソッドは、日本の製造業が世界に誇る品質管理の基盤となっています。

掃除ロボットを有効活用するために家具を変更したり整理整頓したりするといった人の

工夫は、ロボットがいまだ完璧ではない状況で、安全で生産的に作業ができるように行動するというしつけがなされているとも言えるのです。治具などで同じ作業が容易にできるようにしたり、決まった位置に決まったモノを決まった量だけ置くことで効率的に作業をしたりしているものづくりの現場と同じです。

たとえ技術的に完璧なロボットでなくても、「5S」「三定」といったものづくりの現場で培った「現場力」や「改善力」を活かすことで、ロボットの性能を引き出し、生産性を高められるのです。

現場力・改善力とは、実際の作業現場での問題をあぶり出し、その問題をいかに速く的確に解決するかという能力です。

たとえば、「トヨタの生産方式（ＴＰＳ）」は、「ジャストインタイム（ＪＩＴ）」や「カイゼン（改善）」を取り入れ、生産現場の効率を最大限に引き上げています。彼らは現在、自分たちが築き上げてきたＴＰＳの思想を病院内の搬送ロボットなどに展開し、トヨタ記念病院で24台ものロボットを稼働させているのです。

もちろん、中国メーカーもものすごい勢いで開発を加速させています。そのスピードに振り回されないように、そして周回遅れにならないように懸命に付いていくことは大前提として重要です。そのうえで、中国を含むさまざまなプレイヤーの試行錯誤の末、アプリケーションとして成熟しつつあるところで、製造で培ってきた強みである現場力や改善力を組み合わせ、現場で本当に使えるロボットに仕上げていくことこそが、日本が未来の競争力を高めるための重要な鍵のひとつなのです。

ALL ABOUT THE ROBOT BUSINESS

6 ロボットフレンドリーな環境づくり

いまや従業員が働きやすい環境を整備するのは、企業にとって当たり前の時代です。しかし、そう遠くない未来、働きやすさを求めるのは人だけではないかもしれません。ロボットも働きやすさを渇望しているのです。

現在、経済産業省をはじめとして国が強力に推し進めているロボット政策に「ロボットフレンドリーな環境づくり」（略して「ロボフレ」）があります。たとえば、政府が推進するロボフレは、段差スロープ、エレベーター、セキュリティゲートなど、ロボットが苦手とする環境を整備し、ロボットの動きやすさを向上させる取り組みです。「ルンバブル」に限らず、日本の得意な環境整備技術が「ロボフレ」として発展すると期待されているのです。

環境整備は段差をなくすといった物理的な環境だけが対象ではありません。たとえば、ロボットがエレベーターに搭乗する際、これまではエレベーターメーカーごとにどのようにロボットと「会話」するかを決める必要があり、それが大きな手間となり、多大な費用も生じていました。人間で言えば、エレベーターによって使う言語が違う状態です。これが共通的な言葉で話せるようになれば、非常にスムーズな導入が可能です。

このような情報的なロボフレという発想もあります。実際にエレベーターのロボフレ化はすでにおこなわれ、実社会で動いている案件も増えています。

ロボフレでは、技術の完成度を上げるために多額の費用をかけるよりも、環境を整えることでロボットができることを増やします。**つまり、技術が未熟な部分もあるなかで、人間側がその不完全さを受け入れることで、よりよい関係性を築くと理解することもできるのです。**

現在は、特に施設管理、食品、小売、物流倉庫の分野で重点的に取り組みが進められていますが、「人々の寛容さ」による不完全な技術への理解と受容がロボット活用を促進させているのです。それは人間だけの世界からロボットも含めた共存の世界への再構築でもあります。

「ロボフレ」環境は、日本社会における新たな可能性を切り拓いています。政府とメーカー、ユーザーが協力し合うことで、この取り組みは加速しています。今後も技術革新や標準化とともに、人々との共存を目指した環境整備や人の意識改革が進むことでしょう。そして、この変化は私たちの日常生活にも大きな影響を与えることになるでしょう。

ALL ABOUT THE ROBOT BUSINESS COLUMN

ロボット導入が進むシンガポール

シンガポールは現在「ロボット導入」が進む国として注目されています。

その背景には、「高齢化」と「労働力不足」という深刻な問題があります。実際、この国のロボット密度は従業員1万人あたり730台（2022年）であり、この数値は韓国に次いで世界第2位です。中国、日本、アメリカといったロボット先進国を圧倒しているのです。これは、単に技術先進国であることを示すだけでなく、ロボット導入の積極的な取り組みが国家戦略として位置づけられていることを意味します。

シンガポールの街を歩いていると、ふと目にするのは人々の生活に溶け込んだ多彩なロボットたちです。たとえば、空港では警備用ロボットや掃除ロボットが配備されており、安全確認や掃除などさまざまなタスクをこなしています。

多くの飲食店やホテルではロボットにより料理がサーブされ、図書館では返却された本がロボットにより配送されており、人々の日常生活を便利にしています。外を車で走れば、どんどんとビルが建築されていますが、建設ロボットも積極的に取り入れられています。このような変化は、一見すると未来的ですが、実際にはすでに彼らの日常生活に溶け込んでいるのです。

特にチャンギ総合病院での取り組みは圧巻です。この病院では、50台以上のロボットが導入され、手術支援、リハビリ、院内搬送、案内など、多岐にわたる業務を担っています。

この病院では、ロボットとエレベーター間、ロボットと自動ドア間の通信・データ連携などの標準規格化を進めるために、保健省やNational Robotics Programmeを含むコンソーシアムが国家レベルで実証実験をおこなっています。最近では国の多くのプロジェクトでの採用が必須になるなど、日本でいうロボットフレンドリーな環境の構築が進められているのです。

シンガポールでは、そもそも自国民数が少なく、２０３０年までに国民の24・1％が65歳以上という急速な高齢化が進んでおり、さらに、外国人労働者が労働者全体の３分の1を占めるという事情もあり、ロボット技術の導入が急務となっています。政府は2014年から「スマートネイション構想」を掲げ、この政策によって企業は新たなデジタルなビジネスを模索し続けています。

シンガポールのロボット政策は、世界トップレベルの大学での研究開発から産業応用まで包括的なアプローチを取っており、国の競争力強化と経済成長を目指しています。そして、国外からも多くの企業がシンガポールに集結し、政府の後押しも受けながら、新しいロボティクスの取り組みを進めているのです。日本からもパナソニックやオムロンといった大手からDoog社や建ロボテック社といったスタートアップまでさまざまな企業が現地で色々な種類のロボットに関する挑戦をしています。

シンガポールはその地理的条件や社会的背景から、高度なロボット技術導入が進み始めています。シンガポール自体のマーケットはそこまで大きくないものの、その先進的なトライアルへの評価は高く、シンガポールは、人口減少や高齢化といった課題を抱える他国における多くの産業のモデルケースとして、そして、世界的なロボット先進国としてさらなる成長を遂げることになるでしょう。

第6章

アマゾンから学ぶ
ロボット活用の世界

Chapter 6

The World of Robotics in Logistics and Supply Chain

ALL ABOUT THE ROBOT BUSINESS

1

世界最大のロボットユーザーは誰か

世界で最もロボットを使っているユーザーは誰でしょうか。

作る側に関しては、ファナック、安川電機、川崎重工業などなど候補となる企業が日本でもたくさん思い浮かびますし、公開されているデータもたくさんあります。一方で、使う側というのはなかなか想像もできないし、オフィシャルデータも少ないのです。

そのため正確なことはわかりませんが、私はアマゾンなのではないかと考えています。

最近、注文したモノが届くまでの時間が驚くほど短くなっていると思いませんか。本だけではありません。日用品などさまざまなモノが最短で当日、家に配送されることも珍しくなくなっています。それは、アマゾンが物流センターに大量のロボットを導入しているからかもしれません。
この章では、アマゾンのロボット導入の実態と、それが私たちの日常にどのような影響を与えているのかについて説明します。

世界最大のロボットユーザーであると思われるアマゾン。アマゾンがひとつの物流倉庫を建てると、１施設あたり数千台のロボットが導入されます。**現在、アマゾンが世界中の３００以上の拠点で稼働させている移動型ロボットは２０２３年には75万台に上り、その数は右肩上がりに増加しています。**これは、世界最大級の電子製造サービスを提供するフォックスコンが目指している１００万台のロボット活用計画をより先に達成しそうな勢いです。

では、アマゾンはどのようなロボットを使っているのでしょうか。一番初めに活用したのは、小型の移動ロボット「Kiva」でした。このロボットは、商品の保管棚に潜り込み、棚を持ち上げて、ピックアップスタッフの前まで運ぶことができます。
アマゾンは２０１２年にKiva Systemsを7億７５００万ドル（当時のレートで約６５０億円）で買収したことで本格的なロボット活用への投資を始めました。それ以来、このロボットは同社の物流効率を劇的に向上させています。オーストラリアの倉庫では、ロボット導入により1時間あたりの注文処理量を2倍以上に拡大したといいます。

その後「Kiva」は自律型の運搬ロボット「Proteus」へと進化し、それ以外にもＡＩで配送先住所を識別して荷物をまとめる「Cardinal」、商品の分別をおこなう「Sparrow」などのロボットアームのシステムが導入されています。その種類も数も着実に増えており、最近は「Digit」という2足歩行型ヒューマノイドロボットのトライも始まっています。

数十キロ、ときには数百キロ、数トンの荷物も扱う物流倉庫での仕事は、一般的には非常に激務、かつ危険な作業も伴うとも言われています。ロボットにはそのような労働環境の改善も期待もされているのです。

アマゾンが24年10月に発表した計画では、ネット通販の配送コストを従来比で25％減らすために、施設で使うロボットの台数をこれまでの10倍にするとしています。ますます便利になるオンラインショッピングの世界において、その裏側にはロボットを含めた驚くべきテクノロジーが隠されているのです。

ALL ABOUT THE ROBOT BUSINESS

2 ロボット活用のために大切なこと

「ハンコを押すロボット」をご存じでしょうか。数年前に展示会で披露されたときに話題になった、このロボットは、小さな腕でハンコを持ち、朱肉を叩き、そして紙に押印するという動作を繰り返しおこないます。一見するとシニカルで滑稽な風景ですが、このロボットは実は非常に深い問題を提起しています。それは「ロボットは人の作業をそのまま自動化してもあまり意味がない」ということです。

ＤＸが流行している現在、よく耳にするのは「アナログをそのままデジタルに置き換えても効果が少ない」という議論です。ＤＸの本質は、既存のプロセスを抜本的に変革することにあります。ロボットにも同じことが言えます。人間の作業をそのままロボットに置き換えるだけでは、真の効率化は達成できません。

この点をわかりやすく体現しているのが、アマゾンの倉庫で使われているロボットです。以前、人間の作業員は広大な倉庫内を歩き回り、棚にある商品を一つひとつピックアップしていました。

現在はこのプロセスが一変しています。先ほど紹介したようにアマゾンの倉庫には商品を保管する棚の下に潜り込み、棚ごと人間の作業員のところまで運ぶロボットが多数稼働しています。これにより、作業員はその場を動かずに次々と商品をピックアップできるようになりました。人が動くのではなく、モノが動くようにしたのです。

この変革はまさに「DX」ならぬ「ロボット・トランスフォーメーション（RX）」の発想です。単に人間の動作をロボットに置き換えるのではなく、作業の全体的なプロセスを見直し、最適化された新しい方法を導入しています。アマゾンの倉庫では、商品のピックアップが驚異的なスピードでおこなわれるようになり、効率性が劇的に向上しました。このシステムにより倉庫内での作業効率は2～3倍向上し、コストも年間で数億ドル、約20％削減されました。これらの成果は、単に人間の作業をロボットに置き換えただけでは達成できなかったでしょう。

しかしながら、現時点では、すべての作業がロボット化できるわけではありません。たとえば、商品の大きさや重さが異なる場合には、動きが変動的になるため、自動化には限界があります。特に商品を棚に入れたり出したりする作業は現状では人間のほうが効率的です。このように、人とロボットそれぞれの特性を活かした協働作業が求められています。

「人の作業」をそのまま自動化するだけではなく、アマゾンの例に見られるように、プロセス全体を革新し、最適化するＲＸの発想、そして、「人とロボット」が共存し、お互いの強みを活かせる環境づくりこそが未来への鍵となります。このように、ロボット技術は人間との協働、役割分担を意識した全体最適化によって真価を発揮するのです。

ALL ABOUT THE ROBOT BUSINESS

3

最後の難題、モラベックのパラドックス

ある日、あなたがオンラインショッピングで注文した商品が、注文からわずか数時間で手元に届く。これまで紹介してきたように、この驚異的なスピードと正確さを支えるのは、アマゾンの倉庫で働くロボットたちです。そして、いま、彼らが直面している最後の難題、それが「モラベックのパラドックス」です。この言葉を聞いたことがあるでしょうか。

モラベックのパラドックスとは、簡単に言えば、ロボットがチェスのような知的な課題を解決するよりも、赤ん坊でもできる身体的な動作を習得するほうがはるかに難しいという現象を指します。倉庫のなかでの業務で言えば、段ボールや棚の中から異なる商品を取り出す「ピースピッキング」と呼ばれる作業は、依然として大きな壁となっています。

特にアマゾンという数百万レベルの大量の種類の商品を扱う企業にとっては、ロボット

で実現する難易度は段違いに難しくなるのです。かたちや大きさ、素材、色などが毎回異なる商品の取り扱いは、人間にとっては何も考えずに日常的、かつ、無意識レベルで次から次へとおこなう簡単な動作ですが、ロボットにとっては非常に難しい課題です。

このピースピッキングの問題を克服するために、アマゾンは自社のロボット部門であるアマゾンロボティクスを通じて、研究開発に積極的に取り組んでいます。彼らは最新のＡＩ技術を駆使し、ロボットが柔軟に物を掴む方法を模索しています。

たとえば、ピースピッキング技術の開発のため、２０１７年に創業した米国のスタートアップであるCovariantとの新しい契約を発表しました。その内容は、創業者をはじめとする優秀な技術者の採用やCovariantのモデルとデータのライセンスを取得するというものです。Covariantはロボット基盤モデルという現在世界的に最も注目されている高度なＡＩを用いて、ロボットが多様な形状や素材の商品を掴む技術を提供しています。これはまさに、巨人が本気でこの課題に取り組んでいる証拠です。

しかし、この進展には課題が存在します。

ロボットが持つ視覚や触覚の精度をさらに高める必要があります。異なる形状や材質の商品を認識し、適切に掴むためには、非常に高精度なセンサーと高度なＡＩアルゴリズムが不可欠です。本節の冒頭に述べたようにこの問題はとても難しいものです。しかし、ある意味では、この問題を解くのに世界中で最も適しているのはアマゾンといっても過言ではありません。**それは、アマゾンほど多様な商品を扱い、それを保持する際のデータを取得することができる企業は存在しないからです。**

以上のように、アマゾンをはじめとする企業が取り組むピースピッキング技術は、ロボット革命の次なるステージを切り拓くものとして注目されています。第1章で紹介したダークストア、ＭＦＣといった小売のトレンドのなかでも必要になる重要な技術です。２０１２年にアマゾンがkivaを買収した結果として起きた配送業務での劇的な進化にも劣らない変化が、今回のCovariantとの契約で生まれる可能性も大いにあります。モラベックのパラドックスという難題を克服することで、私たちの生活やビジネス環境がより便利で効率的になる未来が待っているのです。今後、この技術がどのように進化し、私たちの社会にどのような変化をもたらすか、目が離せません。

ALL ABOUT THE ROBOT BUSINESS

4 サプライチェーン全体がロボットでつながる

ある日、アメリカの郊外で、森の中を歩いていると、小さなデリバリーロボットがひとりで動き回っているのを見かけたというのがニュースになりました。まるで「野良ロボット」。買い主のいない動物のような存在です。

いま、アメリカではデリバリーロボットが街中で活躍する姿が当たり前になりつつあります。特に、アメリカの大学キャンパスではデリバリーロボットが学生に食堂などから食事を運ぶサービスが提供され、その便利さが好評です。それほど普及しているため、時折、迷子になったデリバリーロボットが思いもよらない場所で発見されることもあるというのが冒頭のニュースなのです。

もちろん、アマゾンもこの屋外での自動デリバリーに挑んでいます。つまり、同社が進めるサプライチェーンの自動化は、単に倉庫内の作業効率を上げるだけではないのです。彼らは、倉庫からトラックで近所の拠点まで運び、そこから家までのワンマイル輸送を、人が歩くくらいのスピードで歩道を移動するデリバリーロボットで完結させるという壮大なビジョンを持っています。

具体的には、「Scout《スカウト》」と呼ばれる40センチメートルほどの六輪の小型デリバリーロボットがその一翼を担っています。このプロジェクトは、ロボットが到着時に暗証番号で荷物を取り出す必要があるなど、現段階では顧客を満足させるサービス提供が難しいという理由で、2022年に一旦フィールド評価を終えました。しかし、完全に開発が中止されたわけではありません。将来的に、コスト低減や性能向上が実現すれば、プロジェクトが再開される可能性が十分にあります。

これらの課題がクリアされたとき、サプライチェーン全体がロボットでつながる未来は一歩一歩現実のものとなります。

ロボット技術の進化により私たちの生活はさらに便利になり、企業は在庫管理や配送の自動化によって大幅なコスト削減が期待できます。消費者にとっても、より迅速で正確なサービスが提供されることで生活の質が向上するでしょう。

さらに進んだ未来では、注文履歴をもとにした予測配送が可能になるかもしれません。想像してみてください。あなたが発注ボタンを押す前に、倉庫内では商品棚が自動的に動き、必要な商品がピックアップされている様子を。そして、発注ボタンを押した瞬間には、さらに言えば、発注する前に、ロボットが家のチャイムを「ピンポーン」と鳴らし、冷蔵庫の残り具合のセンシングから導き出された商品が届くかもしれません。

もちろん、このような未来では、家まで持ってくるロボットは道路を走ってくるとは限りません。ドローンを使って自分用の荷物が空を飛んでくるという世界も実現していくでしょう。一戸建ての庭に、そして、マンションのベランダに設置されたドローン向けの宅配ボックスに向かって最短経路で熱々のピザが届く、そんな未来です。

すでに中国では都心部でもドローンを使った配送が始まっています。このようなシステムは、効率的な物流だけでなく、顧客体験の向上にも寄与することになるでしょう。

工場や倉庫から家まで、さらに家のなかまでのサプライチェーン全体がロボットでつながる未来は、私たちの生活やビジネスのあり方そのものを根本から変える可能性を秘めています。こうした変化がもたらすリスクを考えながらも、技術の進化を見守りつつ、実際に利用する側としてもどのように活用できるかを考えていくことが必要です。

ALL ABOUT THE ROBOT BUSINESS

5 日本でも動き始めたラストマイルロボット

日本は新しい技術を導入するのが遅いという印象をお持ちではないでしょうか。直感的にはアメリカのシリコンバレーや中国の深圳《しんせん》などが早いという印象です。

しかし、屋外のデリバリーロボットではスピードという点で日本も頑張っています。実は、日本でもウーバーイーツや楽天などの企業がラストマイル配送にロボットを活用し始めています。時速6キロ以下で歩道や路側帯を走行する車いすサイズのロボットの姿が、健気で可愛らしいものです。このような取り組みが、アメリカや中国といった技術先進国に負けじと加速しているのは、驚くべきことです。特に、日本はこれまでのイノベーションの進捗において、しばしば世界の後れを取ることが多かったため、今回の迅速な取り組みは大きな変化を感じさせます。

2023年、日本でもついに公道を走るロボットが法律上認められました。2020年頃から開始された実証実験の実績も踏まえて、迅速に道路交通法の改正がおこなわれたのです。**その背景には、新型コロナウイルスの影響を受けた買い物の非接触化やデリバリーの需要増加と、政府の積極的な支援がありました。**現在では自動車の免許更新に行くと、講習でデリバリーロボットが公道を走れるようになったことがレクチャーされるのです。

これからの展望として、より搬送能力が高い中型サイズのロボットや、速度が速い中速タイプのロボットの公道走行も検討されています。すでに北海道石狩市では中速・中型の自動配送ロボットを使った移動型宅配サービスの実証実験を開始しています。私たちの目の前まで食べ物や荷物を運んでくるのが日常となる日も遠くないかもしれません。この進化により、特に高齢者や忙しい人々にとっても、買い物や食事のデリバリーがより一層手軽になることでしょう。

しかし、この新しい技術にはいくつかの課題も存在します。まず安全性です。自動配送ロボットが公道を走行する際には、交通ルールや周囲との調和が求められます。また、人々がこの新しいタイプのロボットを受け入れるためには、社会的な受容性も重要です。特に、高齢者や障がい者などの視点から見た場合、この技術がどれほど便利であるかを示す必要があります。さらに、それらを踏まえた中型や中速タイプのロボットについても法整備や運用ルールが整備される必要があります。これらの課題をクリアすることで、日本国内での自動配送ロボットの普及が進むでしょう。

ラストマイルロボットの活用は、意外と身近で進んでいます。東京、神奈川、大阪などの都心部や地方都市でも多くの取り組みがなされています。ファミレスで配膳ロボットが使われることに違和感がなくなったように、公道でもロボットがデリバリーすることが当たり前になる日は近いかもしれません。日本でも動き始めたこの新しいテクノロジー、みなさんもぜひ体験してみてください。

ALL ABOUT THE ROBOT BUSINESS

6

家庭用ロボットの買収計画が意味すること

２０２４年1月29日、「アマゾンが買収断念！」というニュースが世界中で一斉に報じられました。

買収の対象となったのは、掃除ロボット「ルンバ」を手がけるiRobot社。

断念した理由は、独占禁止法の懸念、買収価格の高騰、iRobotの業績悪化など、いろいろと考えられます。ただし、17億ドル（当時の為替ルートで約２３００億円）ともいわれる買収金額が原因ではなく、ＥＵ（欧州連合）の規制当局による買収の許可を得られなかったことが原因とされています。

では、一体、何を目的にアマゾンは掃除ロボットを求めたのでしょうか。

当事者ではないので、その詳細はわかりませんが、ここではいろいろと想像してみたいと思います。

まずシンプルに考えられるのは、スマートホーム戦略の強化でしょう。掃除ロボットがあれば、スマートスピーカーのAlexaと連携したスマートホームエコシステムを拡大できます。「アレクサ、掃除して」と言えば、家がキレイになるというのは、なかなかクールです。

そして、家庭用ロボット市場への本格進出のためということも考えられます。アマゾンはこれまでにAstroという超小型の可愛らしい家庭用ロボットも開発しています。ルンバやiRobot社が持っている技術や特許などを使うことで、より高度なロボットを開発できる可能性もあります。

そのうえで考えたいのは、そもそもＥＣサイトから始まり、いまや世界一の小売会社とも言えるアマゾンが家庭用ロボットに注力している理由です。

それは、家庭用データの獲得のためなのではないでしょうか。

家のなかを隅々まで回る掃除ロボットが収集する家の間取りや生活パターンのデータを、マーケティングや製品開発に活用できる可能性があります。もちろん、本人の同意もなく、勝手にデータを収集することはないと思いますが、最新の掃除ロボットは、障害を避けるためにセンサーやカメラも搭載し、位置情報もわかります。設定した掃除スケジュールにもとづき、ユーザーの日課も学習し、間取りの情報から家の広さやデザインもわかるのです。それはつまり、所得水準や生活環境情報が推測可能ということになります。

これは完全に憶測にすぎませんし、可能性を大袈裟に書いたものです。流石にそこまではできないという声もあるでしょう。ただ、もしそのようなことができれば、第4節で書いたように住人が必要なものを予測し、発注する前に届ける世界の実現に近づきます。

倉庫のなかの自動化という文脈で取り上げたアマゾンですが、最後は家のなかのロボット化まで話が及びました。ロボット技術により、私たちのくらしはサプライチェーン全体として本当にひとつの見えないチェーンでつながるようになっていくのです。そして、そのチェーンの上を動くのはモノであり、データなのです。

ALL ABOUT THE ROBOT BUSINESS COLUMN

コンテスト型技術開発による事業加速

「ロボットコンテスト（ロボコン）」という言葉を聞くと、どんな風景が思い浮かぶでしょうか。

高専生や大学生が与えられたお題に、持てる技術のすべてを投入する「理系の青春！」のような活動でしょうか。

しかし、最近は学生だけではなく大人のエンジニア魂をくすぐっています。そして、本格的な社会課題や事業課題の解決を目指した「コンテスト型技術開発」という新しい開発スタイルが普及してきているのです。

コンテスト型技術開発とは、特定の課題を設定し、それを解決する技術を開発するための競技形式のイベントです。参加者は期限内に技術を開発し、デモンストレーションをおこないます。優れた技術には数億円にもなる賞金が手渡されることも多く、参加者にとっては大きなインセンティブとなります。そして、コンテスト型開発の魅力は、何と言ってもその競争性にあります。参加者はリアルな課題に挑戦し、限られた時間内で解決策を見出す必要があります。このような極限の状況の競争は、参加者の創造力や技術力が試され、見ている方も熱狂に包まれます。

アメリカ国防高等研究計画局（DARPA）によって主催された「Urban Challenge」や「Robot Challenge」は、その代表的な例です。「Urban Challenge」では、自動運転車を使って数時間にわたりオフロードの道や市街地を走行する技術が競われました。「DARPA Robot Challenge」では、災害現場でのロボットの活躍が想定された課題が設定され、ロボットが瓦礫のなかでの探索や障壁の乗り越えなどの難題に挑みました。また、日本においても、国主導で開催された「World Robot Summit」では、コンビニエンスストアでのタスクや家庭内での作業、さらには製造業の場面でのロボット技術が競われました。

このような取り組みをおこなうのは、政府系の機関だけではありません。企業もこの流れに乗り、アマゾンが主催した「Amazon Picking Challenge」では、本編でも重要課題として紹介したピースピッキング（商品取り出し）の技術を競わせました。効率的に商品を取り出す技術は物流業界全体のコスト削減と効率化に大きく貢献しています。

これらのコンテストは単に技術者たちの腕試しの場ではなく、実際に社会に役立つ技術を生み出す機会でもあります。たとえば、「Urban Challenge」の取り組みは、自動運転技術を飛躍的に進化させ、その後のブームを引き起こし、自動運転技術の急速な普及を後押ししました。それ以降、今日まで多くの自動車メーカー、IT企業、スタートアップなどが自動運転車の開発にしのぎを削っています。さらに「DARPA Robot Challenge」で優勝した日本の東大発チームは、その後Googleに買収されるという成功を収めました。このように、コンテストは新たなビジネスチャンスを生む場にもなっているのです。

そして、ある意味では、今後の技術開発の方向を指し示すのがコンテストとも言えるでしょう。主催者側には、賞金だけではなく、参加者にとって魅力的な、そして社会にとって有益な課題を設定することが求められます。また、技術動向や社会動向を十分に踏まえたうえでの見極め、課題設計能力が必要です。これは主催社にとって大きなチャレンジです。

それでも、コンテスト型開発は今後もその重要性を増していくでしょう。コンテスト型技術開発は、新しい価値を創造するための重要な手段であり、人々の創造力を引き出し、社会全体を豊かにする力を持っています。そして、新たなブレイクスルー技術を目撃できる貴重なチャンスでもあります。ロボコンを侮ってはいけません。

第7章

ペットのウンチから学ぶAIロボットの世界

Chapter 7

The World of Embodied AI

ALL ABOUT THE ROBOT BUSINESS

1 掃除ロボットが吸っては困るもの

部屋に落ちているゴミは全部吸う。そのシンプルな原則だけでは、悲劇が起きてしまいます。

吸っては困るもの、それは「ペットのウンチ」です。掃除ロボットがウンチを吸い込もうとすると、掃除ブラシにより家中に糞がまき散らされ、そして、塗りたくられるという最悪の事態を引き起こしてしまいます。SNSで検索してみると、絶叫や嘆きが書き込まれています。このときばかりは、可愛らしいペットも少し憎く見えてしまうものです。

面白いことに、この難題を解決するために、最近ではルンバが最先端のAIを活用したのです。床にあるペットのウンチを認識し、それを避ける機能が開発されました。「Roomba j7+」

に搭載されたこの機能は、「Pet Owner Official Promise」という制度と一緒に発表され、万が一にも、ウンチを踏んでしまった場合には、無償で新品に交換が可能という技術への自信を滲ませています。この技術革新によって、ルンバがただの掃除機から「賢い掃除機」へと進化していることを実感できます。

しかし、冷静になって考えてみましょう。床に落ちたウンチを正確に認識することはそんなに簡単なことではありません。当然、ウンチのかたちは一つひとつ、そして、日々違うでしょう。犬種が違えば大きさも違うでしょうし、餌が違えば色も違う、体調も違えば……と考え始めればキリがありません。そんな無限にバリエーションがあるように思われるウンチを正確に認識しなければならないのです。そして、逆に床に落ちているゴミをウンチとして認識し、吸い込むことができなければ、掃除ロボットにもなっていないので、元も子もありません。つまり、ウンチだけを正確に見極める必要があるのです。

この超難問を解くことを支えているのが「ＡＩ（人工知能）」です。

非常に簡単、かつ限定的な説明になりますが、ＡＩとは、画像、音声、文字など何かお手本となる大量の正解データから、その特徴・パターンを学習し、学んだ特徴・パターンをもとに、初めて見るデータに出会ったときに正解を推定するようなものと言えます。この考え方に基づいたときにルンバがしなければならないのは、大量のウンチのデータから、ウンチの特徴やパターンを学び、掃除中に目の前に現れたモノがウンチかどうかを推定するということになります。ここで大きな問題が生じます。世の中には、部屋のなかに落ちているウンチの画像を、誰も大量に持っていないということです。

そこで彼らがしたことは、実際のウンチの写真と模擬ウンチの写真と合成写真とを使って綿密に学習データセットを準備するということです。ルンバをつくるiRobot社の発表では、少なくとも137個以上の多様な形状、サイズの模擬ウンチをつくり、検証を進めてきたことが明らかになっています。それらのデータを取り込み、実際の写真データと模擬データをもとにパソコン上に、さまざまなパターンのウンチを仮想的につくり出したのです。その数は10万枚以上の画像データになったそうです。

いまや、掃除ロボットは日常生活のなかでなくてはならないものとなるまでに浸透しています。いままでは吸っては困るものを回避する機能の対象は、ペットの糞だけではなく、コードやケーブル、スリッパ、靴下などさまざまなものに広がっています。そして、家庭やオフィスでの掃除を劇的に効率化し、私たちの生活をより便利で楽にしてくれる、その裏では、大量のデータからつくり上げられたＡＩがロボットの動きを支えているのです。

もともとロボットの定義で紹介したようにロボットを構成する３つの要素のひとつに「知能・制御系」というものが入っていました。この知能は、**近年のＡＩの劇的な進化により、知的レベルが一気に上がり、単純な情報処理から自律的とも呼べるほど高度なレベルにまで到達し始めています。**フェーズが変わったとも言えるでしょう。

この章では、少し技術的な要素も含みますが、進化するＡＩが搭載されたロボットの進化とはどういうものかを見てみましょう。

ALL ABOUT THE ROBOT BUSINESS

2 エッジとクラウド

あなたの家の掃除ロボットが、まるで自分で考えて行動するようになったらどうでしょう。掃除ロボットの進化はとどまることを知りません。あなたが家を出ると自動的に掃除が始まり、花粉の多い時期などの季節やキッチンやリビングなど部屋の種類によって掃除の仕方も変わる。ＡＩは生活パターンや間取りまでも学習し、最適な掃除を提案してくれるのです。

この進化はロボット本体の性能向上だけではなく、インターネットにつながれたクラウド環境でのデータ解析によって支えられています。文字通り、「雲《クラウド》」のように地上から遠く離れた場所で、それぞれのロボットが収集した大量のデータが解析されているのです。賢いロボットの振る舞いは、ネットワークの「端っこ《エッジ》」である、物理世界にあるロボット本体のなかで処理されるエッジコンピューティングと、遠くのサーバーで処理されるクラウドコンピューティングの組み合わせによって可能になります。

エッジコンピューティングによってリアルタイム性が求められる処理が迅速に実施できるようになります。一方で、クラウドコンピューティングは、インターネットを介してリモートのサーバーでデータを処理する方法で、大量かつ複雑なデータ解析を担当します。**この2つの合わせ技により、ロボットの性能は引き出され、AIロボットはさらに賢くなっているのです。**

たとえば、掃除ロボットの例を挙げましょう。掃除ロボットは自分がどこにいるのかという自己位置認識をエッジでおこない、障害物をリアルタイムで認識して回避しながら、細かい走行経路を決めていきます。一方、クラウドを利用することで、ユーザーの生活パターンを学習し、最適な掃除スケジュールを提案します。つまり、掃除ロボットはユーザーの家の間取り、形状をクラウドで学習し、部屋ごとに吸引力や走行回数が異なる掃除パターンを設定するのです。そして、吸引タイプと水拭きタイプの2台のロボットが役割分担しながら掃除をしたり、花粉の多い時期やペットの換毛期には掃除回数を増やしたりすることもできるのです。

また、ユーザーの行動を予測し、掃除の頻度や時間を調整することも可能です。たとえば、ユーザーが家を出ると自動的に掃除を開始し、帰宅すると掃除を中断する機能も備えています。これにより、ユーザーはまったく手を煩わせることなく、常に清潔な環境を維持できます。

さらに、クラウドの力を借りることで、掃除ロボットの稼働状況やバッテリー残量、掃除の進捗をリアルタイムでモニタリングできるほか、フィルターなどのパーツ交換時期も常に確認することができます。また、OTA（Over-The-Air）と呼ばれる、インターネットを介したソフトウェアのアップデートにより、常に最新のソフトウェアを適用することができるため、ロボットは日々進化していくのです。

このようにエッジとクラウド、両方の特徴を活かしながら、適切にAIを組み合わせていくことで、ロボットをより賢く動かし、より役に立つ存在へと昇華させることができるのです。もちろん、大小の違いはあれど、データ処理能力には限界もありますし、あまりに賢いＡＩを使うと電力消費も莫大になるという環境視点での課題もあります。そして、インターネットにつながるということはプライバシーやセキュリティの面でも注意が必要になります。このような課題やリスクを正しく認識しながら、うまくＡＩを活用していくことが求められるのです。

エッジやクラウドでのＡＩの活用は何も掃除ロボットに限ったことではありません。これまで紹介してきたような製造、物流、小売、ヘルスケア、サービスなど、ありとあらゆるロボットで活用できる技術になります。エッジ側のロボットから情報を取得・処理し、さらにクラウド側で全体最適化、生産性向上を計画することは、今後のＡＩロボットにとって必要不可欠な技術になるのです。

ALL ABOUT THE ROBOT BUSINESS

3

生成AIがもたらす認識から制御への展開

「Google」と「OpenAI」と聞くと何を思い出すでしょうか。検索エンジンや生成AIという方が多いと思います。

実はこの2社は、AIを使ったロボットの開発を精力的におこなっている組織です。

AIというと少し前には、2024年にノーベル物理学賞を受賞した「ディープラーニング（深層学習）」という言葉と一緒に、モノの認識性能が劇的に上がったことが話題になりました。2012年にはディープラーニング技術を使い、「人が教えなくても、自発的に猫を認識した」という発表がなされ、世界に衝撃を与えたことを記憶している方もいるかもしれません。

実際におこなわれたのは、YouTubeから無作為に選ばれた１０００万枚の画像を学習させたところ、人間が「猫」という概念を教えなくとも、自動的に猫の姿を識別できるようになったということです。この発表をおこなったのがGoogleでした。

この例からわかるように、ＡＩは「画像などを見て、○○とわかる」という認識に使われることが多かったのです。しかし、最近は「ロボットを動かす」ためにもＡＩを使うようになってきています。ロボットを動かすためには、認識する前に何をするのかという指示を理解する必要があります。そのうえで、指示や認識した環境の状況を踏まえて、タスクプランニングといって、どういう作戦でロボットを動かすのかという計画を立てる必要があります。そして、計画を踏まえて、変化する環境のなかで臨機応変に実際にロボットを制御していくのです。このいずれのプロセスでも、認識するＡＩだけでなく、生成するＡＩが活用され始めているのです。

この変化を支えるのが、２０１７年にGoogleなどにより発表された「Transformer」という生成ＡＩ技術です。みなさんお馴染みのChatGPTの「ＧＰＴ」は「Generative Pre-trained Transformer」の略で「Ｔ」は「Transformer」の頭文字です。この技術により、これまでとは別次元の自然な対話が可能となり、言語だけではなく、多くの分野に波及していきました。視覚や聴覚などさまざまな入力情報に広がり、それらを組み合わせた「マルチモーダル」という状態で研究が進められることになったのです。これらの研究は、環境のあらゆる情報を入力として、汎用的なアウトプットを出力することから、文字通り「基盤モデル」と呼ばれるほど有用なＡＩ技術となりました。

結果として、Googleは認識からロボットの行動生成までをおこなうＡＩを開発することに成功します。

２０２２年には「RT(Robotics Transformer)-1」というものを発表し、13台のロボットが17カ月かけて学習したデータを元に、タスクと環境に依存せず初見のタスクも実現するゼロショットという偉業を成し遂げました。そして、翌23年には「RT-2」として、ロボットの実機を用いて、環境を認識してからロボットの動作を生成するところまでを同じ学習モデルで扱うという視覚言語行動モデルが実現されたのです。

このように次々と「Transformer」に関する技術を発表したGoogleは、「PaLM-SayCan」とも呼ばれる関連技術などを積み上げ、人間によるあいまいな指示に対して、ロボットが実現可能なソリューションを遂行する技術を開発しました。

少し技術的な小難しい話になってしまいましたが、このような技術革新は何をもたらすのでしょうか。

「飲み物をこぼしてしまった。手伝ってくれる？」と指示すれば、ロボットが布巾を持ってくる、さらには自分で拭く。「機械が壊れたから直して」と言えば、修理するのに必要な工具やパーツを特定し、器用に工具を使いこなして作業する。そんなことができるようになるのです。

これまでロボットの活用が進んできたのは、工場などで同じ動きを高速に繰り返す作業工程でした。その裏では、インテグレーターや生産技術者と呼ばれる専門的なトレーニングを受けた人間がどのようにロボットを動かすかを細かくプログラミングする必要がありました。このプロセスは「ティーチング」と呼ばれます。

ですが、今後のロボットは、周囲の状況や対象物などの変化に応じた柔軟な動作変更ができなければなりません。状況や環境が変わるたびにティーチングをおこなうというのは、時間がかかりすぎて現実的ではないのです。

そのようなときであっても、紹介したような生成AI、基盤モデルを活用することで、人間のあいまいな指示に対しても、ロボットが自ら指示を解釈し、行動を計画、実行するため、人による細かいティーチングがほぼなくなるかもしれません。結果として、工場だけではなく、より周囲環境が多様で変化しやすいサービスの現場など社会のさまざまな現場やシーンでロボットの活用を容易にする可能性を高めるのです。

ALL ABOUT THE ROBOT BUSINESS

4 ＡＩ進化がもたらす新しい開発トレンド

２０２４年夏頃にYouTubeで堀江貴文さんが「すげぇ〜すげぇ〜」と言って操作している犬型ロボットが話題になりました。この犬型ロボットは中国Unitree製の数十万円のものですが、周囲を計測するセンサーを使わずに、ロボットの運動神経、反射神経だけで段差や階段を乗り越えていったのです。このロボットの裏で大活躍していたのも、ＡＩの存在です。

さて、ロボットとＡＩの融合が価値を発揮するのは、単にロボットを実世界で動かすときだけではありません。実は、ロボットがどのように動くかを学習する過程でもこのＡＩという技術は非常に重要です。たとえば、ロボットに新たな動きやスキルを学ばせるためには「模倣学習」や「強化学習」といった手法が用いられます。模倣学習は、ロボットが人間や他のロボットのお手本となる動きを真似する方法で、強化学習はよい動きをしたときにご褒美をもらえる仕組みです。

しかし、これらの学習手法はロボットが新しいスキルを習得するために不可欠である一方で、大量のデータが必要です。特にロボットの場合、実世界での動きに関連するデータを集めることが非常に困難です。画像認識ならインターネットなどで大量のデータを比較的容易に手に入れることができますが、ロボットの動作データは物理的な環境で収集しなければならないため、その難易度は一層高まります。

この問題を解決するために、最近注目されているのが「Sim2Real」と呼ばれる技術です。Sim2Realとは、「シミュレーションを現実に変える（Simulation to Real）」を略した言葉で、文字通り、シミュレーション（Simulation）により仮想空間内でロボットを動かし、そのなかで大量のデータを収集、学習し、その学習結果を現実世界（Real）に適用する方法です。冒頭の堀江さんが見たロボットもこの技術が思う存分に活用されていたのです。

このロボットシステムは千葉工業大学fuRoで研究されたもので、階段や異なる地形が作られた仮想環境に4000台ほどの犬型ロボットを解き放ち、最初は転倒しながらも自分で学び、最終的に歩き方を習得することができたのです。ある意味では厳しい環境条件のなかで5時間ほどスパルタ訓練を経験することで、歩くスキルを自律的に学習したという状態です。

このように、仮想環境を活用することで、現実世界で収集するのが難しいデータを効率的に取得することが可能となります。シミュレーションで得た知識を現実世界に応用することで、開発コストや時間を大幅に削減できるのです。

もちろん、このような技術にはまだ課題がある場合もあります。特に、多くの技術者が悩まされているのは、シミュレーションする仮想世界と現実世界とのギャップの問題です。Sim2Real技術はこのギャップを埋めることを目指していますが、シミュレーションで現実世界の摩擦や接触状況などを完全に再現することは難しく、また、ある環境が再現できても他の環境への展開性が低いなどの問題が起こることもあり、今後、さらなる研究開発がなされていくことになるでしょう。「はじめに」で触れたエヌビディアなども「Cosmos」と呼ばれるシミュレーション環境の開発を精力的に進めており、世界的にも誰が優れた開発プラットフォームを開発するかという競争が激しくなっています。

ＡＩ進化によるロボットの開発プロセスのトレンドは、多くの可能性を感じさせます。従来、職人技として継承されていたスキルが「模倣学習」によりデジタル化、さらにはロボットが真似できるようになるでしょう。また、何十年、何世代という鍛錬を積み重ねることで習得されてきたスキルが「強化学習」により仮想空間のなかで高速に体得できたり、人間の域を超えたロボットならではの技術として新たに生まれたりすることも十分に考えられるのです。

このような技術により、私たちの日常生活や産業構造は大きく変わるでしょう。それは、人間とロボットとの関係性も変化させうるものであり、それぞれの役割や協働方法について再考する時期を意味することになるかもしれません。「共進化」とも呼ばれるように技術の進化とともに、私たち自身も変わり続けなければなりません。新しい技術を受け入れ、それをどのように活用するかを考えることで「ＡＩ×ロボット」、そして、私たち人間の可能性を最大限に引き出す努力を続けていきましょう。

ALL ABOUT THE ROBOT BUSINESS

5 「第4次ロボットブーム」の本質

「ヒューマノイドロボットが、70万円で手に入る?!」

２０２４年７月、そんな驚くべきニュースが伝えられました。数年前までヒューマノイドロボットというのは、ロボットの技術の超最先端の象徴であり、世界でも限られたプレイヤーだけに許されたハイテク中のハイテク。費用も数億円、数十億円とかかり、国家プロジェクトで開発されるような存在でした。それが軽自動車よりも安い値段で販売されるようになったのです。

この件に限らず、ネットでは日々ヒューマノイドロボットのニュースに事欠きません。テスラが最新のモデルを発表すれば、中国では実際の工場で試験導入が始まったというニュースが流れ、一方でヨーロッパではOpenAIも出資する「1X」がかなり人間に近い理解力を持った汎用的なヒューマノイドを作ったなど挙げ始めればキリがないほどです。

このようなヒューマノイドブームは、「第4次ロボットブーム」とも言える状況ですが、その発端となっているのは、間違いなくこれまで紹介してきたようなＡＩ技術の指数関数的な進化です。

では、この第4次ロボットブームの本質はいったい何なのでしょうか。

まず、このブームの本質を理解するためには、ロボットの開発がどのように進化するのかを見てみましょう。

これまでロボットは、細かく機能ごとに分かれて開発されてきました。たとえば、足は足、手は手、脳は脳といった具合に、それぞれが独立していました。そのため、ヒューマノイドのような多くの機能を統合し、全身として調和がとれたかたちで動かすのは非常に高い技術レベルと時間が必要となっていたのです。

しかし、最近ではこれらが一体となった「ロボット基盤モデル」として開発されるよう

になりつつあります。

基盤モデルはまさに近年のＡＩ技術のトレンドそのものと言えます。この技術により、全身の複数のセンサーからのデータを受け取り、それにもとづいて認識から動作生成にわたる心身の複数の機能を同時に実現することが可能になったのです。この統合的な開発手法の出現により、ヒューマノイドの開発も比較的簡単におこなえるようになり始めています。この変革は従来型の細分化された手間のかかるアプローチから脱却し、効率的かつ迅速な開発を可能にするのです。

このようなＡＩ技術の進化に伴い、ロボットの「モビリティ（移動機能）」と「マニピュレーション（作業機能）」が統合される点が重要です。

これまでのロボットは基本的に単一の作業をおこなうことが多かったのですが、これからは移動能力と、物を持ち運び、ハンドリングする能力を兼ね備えたロボットがどんどん登場してくるでしょう。人型であるという外観や二足であることが大事なのではなく、足の移動機能と手の作業機能、そしてそれらを統括する脳の機能が統合されている状態というのが本質的な価値になるのです。これにより、工場や倉庫での作業はもちろん、飲食店での接客や病院での医療支援、そして家の中など多様な場面での活用が期待されています。

ざっくり言えば、開発の閾値が一気に下がるのです。簡単に作れるようになるというのが本質と言えます。それはたとえばマインクラフトというゲームにより、子どもでも簡単にプログラミングを学習し、ゲームのなかでいつの間にか創造的な建物を作れることに似ているかもしれません。

この本質的な流れが起きた後、今後特に注目すべきは、ロボットの「文系化」と「大衆化」です。**これまでロボットを使うのは専門家に限られていましたが、今後は一般の人でも簡単に使えるようになるでしょう。**

この現象は、ＡＩがChatGPTなどの大衆化により誰でも触れるようになったことと同じです。それまで研究者など限られた人しか触ることができなかった小難しいＡＩという技術が、一般の人々にも開放され、いわゆる「文系ＡＩ人材」が大量に現れたのと同様に、「文系ロボット人材」が現れる可能性も十分にあるのです。

ロボットの文系化、大衆化が進むことで、さまざまな分野でのロボット導入が一層加速するでしょう。

たとえば、小さなカフェでもロボットバリスタが腕を振るい、遠隔地に住む高齢者の見守りサービスや、物流倉庫での在庫管理など、ロボットの活躍する場は無限に広がっていくのです。そして、そのときには、これまで専門家の手に委ねられていたロボットが、誰でも使えるものになっているのです。

このような技術的な進化によって、本当に人と遜色ないレベルの作業ができるのか、そして、国際的に競争が激化するなかで日本は取り残されていないのか、また倫理的にも、本当に人と同様のことができるようになったときに人間、そして社会はどのようになるのか、など考えるべき課題はまだ残されているのも事実です。

しかし、ＡＩとロボットの進化がもたらす第４次ロボットブームは、まさに新しい働き方やくらし方の幕開けを意味するのです。

大衆化というこのブームの本質を理解し、積極的に活用することで、私たちの生活はさらに豊かで便利なものになるでしょう。そして、その未来を共に築くために、誰もがこの技術に触れ、利用することができる時代が訪れるのです。

ALL ABOUT THE ROBOT BUSINESS

6

ＡＩにどこまで任せてよいか？

みなさんはＡＩのことをどこまで信じられるでしょうか。

たとえば、完全な自動運転車に乗ったら、ハンドルから手を離せますか。もしくは、完全自動手術ロボットによる手術の同意書にサインできるでしょうか。

ＡＩがすごい勢いで進化していることは、疑う余地もありません。ＡＩはその卓越した計算能力と学習能力によって、多くの分野で活躍しています。ＡＩが書いた文章や絵はもはや人が書いたものとほとんど見分けがつきません。多くの人が日常生活のなかでChatGPTなどの生成ＡＩ技術を使っています。そして、医療分野では、ＡＩが画像診断をおこない、早期の癌発見に大きな成果を上げています。

このようなことがこの数年で一気に当たり前になり、私たちのくらしや仕事のさまざまな分野で、急速にその存在感を強めています。

しかし、万能に見えるＡＩにすべてを任せてしまうことに対しては、一抹の不安や心配も感じている方もいるのではないでしょうか。

まず大きな問題は、フェイクへの悪用です。ＡＩは高度な合成能力を持ち、偽の画像や文章を作成することができます。ニュースやＳＮＳで拡散されるフェイクニュースは、社会に大きな混乱をもたらすリスクがあります。実際、選挙などの場面では、ＡＩにより生成されたフェイク動画が政治家のイメージを大きく損なう事象が起きています。こうした事例からも、ＡＩにすべてを任せることのリスクの一端が浮き彫りになっているのです。

このような写真・文章・動画などのいわゆる情報が持っているリスクに加えて、ハードウェアを持つロボットならではのリスクがあります。実世界で動くロボット特有のＡＩの課題として考えられるのは、現実世界で起きる「事故」です。たとえば、自動運転車が認識をミスして歩行者にぶつかったり、工場内のロボットアームが暴走して作業員に危害を加えたりすることは避けなければなりません。現に、２０１８年にはアメリカで自動運転車が歩行者をはねるという事故が発生しました。この事件は、ＡＩの安全性に対する懸念を再燃させ、慎重論が浮上するきっかけともなりました。

ＡＩの判断が「なぜ」そのようにおこなわれたのかがわかりにくい「ブラックボックス問題」も、この不安な気持ちを一層高めています。ＡＩがどのようにして判断しているか、その信頼性を測ることが難しいのです。

現在、一部では「エクスプレイナブルＡＩ（ＸＡＩ）」という考え方にもとづき、ＡＩの判断過程を説明可能にする技術が開発されています。しかし、まだ完全にこの問題が解決されたわけではありません。

特に、安全に関する判断は、現在のところロジカルに判断する古典的な技術のほうが信頼できると言えるでしょう。ロボットなどの分野では「機能安全」と呼ばれる考え方がかなり浸透してきており、人がケガをしたり・させたりするリスクに対しては、数値的な根拠にもとづいて対処することが主流となっているのです。

いずれはＡＩの技術やルールも整備され、安全性が向上することでしょう。たとえば、技術的には、大規模なモデルが多くの情報をもとにあらゆる状況、さらには常識も加味しながら安全性を判断していくということも実現されるはずです。また、複数のＡＩ同士がお互いに判断を確認し合い、ミスを防ぐようなことも進んでいくでしょう。そして、法的な規制、ガイドラインや国際的な標準化を進めていくことで、ＡＩが持つリスクを明確化し、最小限に抑える検討も進んでいます。このようなグローバルな動きのなかで、ＡＩが人々の生活を豊かにし、安心・安全に使えるようにするための枠組みが整備されることが期待されています。

結局のところ、AIにどこまで任せてもよいのかという問いに対する答えは、「部分的に任せることは可能だが、すべてを任せるにはまだ慎重であるべきだ。特に安全面については」というものでしょう。

ＡＩの驚異的な能力には学ぶべき点が多いですし、どんどん活用していくべきですが、それに伴うリスクの存在も忘れてはなりません。技術の進歩とともに、私たちがどのようにＡＩを利用し、どのようにそれを管理するかが、今後の課題として残されています。

ＡＩが人間社会において持つ役割を最大限に引き出すために、私たちは引き続き、その能力と限界を正しく理解し、取り扱う必要があります。

ALL ABOUT THE ROBOT BUSINESS COLUMN

AIが考え、ロボットが実験する未来

最近、生活のなかで賢いロボットを見ることが増えてきました。しかし、これは氷山の一角にすぎません。AIとロボットの融合は、私たちの生活だけでなく、科学や工学の最先端の研究開発業務の風景すらも大きく変えようとしています。

私たちのくらしを劇的に変える新しい薬や材料を探すには、長い年月と巨額の費用が必要というのがこれまでの業界の常識でした。そんな常識を、いま、AIとロボットの組み合わせが打破しようとしているのです。AIは過去の大量の論文を読み漁り、候補となる物質を探し出し、人間には思いつかない組み合わせを提案します。そして、その物質が実際に使えるものなのかを移動ロボットとロボットアームを駆使したロボットシステムが自動的に実験し検証していくのです。このような「ラボ・オートメーション」と言われる分野が急速に成長しています。

ＡＩとロボットを組み合わせたラボ・オートメーションは、すでに革新的な成果を生んでいます。特に大きいのは、開発時間の短縮とコストの圧縮です。従来20年かかっていた新材料の開発期間を1~2年に短縮することが可能という事例もあるほどです。もちろん、ＡＩを使うことで、人間が手作業で探す範囲よりも広範囲を一瞬で探索することができますし、ロボットを使うことで再現性の高い実験結果が得られるという効果もあります。結果として、材料や試薬を混ぜるなどの単調な実験作業から解放され、研究者は新しい理論の構築やデータからの洞察の抽出に集中できるようになりました。

これらの効果は、材料開発の分野に革命をもたらし、新材料の発見と革新を加速させています。特にバッテリー、太陽電池、半導体チップなどの重要な技術分野での進歩に大きく貢献していくことが期待されているのです。

実際に２０２４年のノーベル化学賞はＡＩが大きく貢献したことを示しています。なんと化学賞の受賞者に、Googleの関連企業DeepMind社のメンバーが選ばれたのです。DeepMind社は、２０１６年に囲碁の世界チャンピオンを初めて打ち破ったＡＩである「AlphaGo」を作ったことで有名な会社です。AlphaGoは、一手ごとに200通りの選択肢があり、碁の石の配置は宇宙に存在する原子の数より多いとも言われる打ち手の中から最良の手を選ぶことができますが、同じように数えきれない可能性を持つ化学的な構造の中から最良の構造を厳選する技術へと進化したのです。結果として、タンパク質の複雑な構造を予測するという、50年来の課題を解決するAIモデルを開発した、というのがノーベル化学賞を受賞した理由です。

このような技術進化が、将来的にはノーベル賞級の発見をもたらす可能性もあります。受賞者がAI搭載ロボットというニュースも現実味を帯びてきました。

AIとロボットは単なる省人化ツールではありません。AIが新しい可能性を探し、ロボットが、極端な環境での作業や微細な操作など、人間が不可能なタスクを実現しています。無人の真っ暗なラボのなかで、AIが考え、ロボットが実験する未来はもはやSFの世界だけでなく、現実となりつつあります。人がしていることをそのまま自動化するというだけではなく、業務そのものを変革するという意味では、ラボ・オートメーションはRX（ロボット・トランスフォーメーション）そのものなのです。

第8章

手術ロボットから学ぶビジネスモデルの世界

Chapter 8

The World of Surgical Robots and Their Business Models

ALL ABOUT THE ROBOT BUSINESS

1

世界最大のロボットメーカーの驚くべき業績

世界最大のロボットユーザーはアマゾンと紹介しましたが、世界最大のロボットメーカーはどこでしょうか。ファナック、安川電機など産業用ロボットメーカーでしょうか。

ロボットの本体の売上規模、販売台数など、どのような指標で考えるかにもよりますが、ロボットビジネスの売上規模という意味では、意外にも、手術ロボット「ダヴィンチ」を製造するアメリカのIntuitive Surgicalが有力候補になります。

2023年に発表された業績によれば、Intuitive Surgicalは売上高約71億米ドルを記録し、営業利益は17・7億ドル（営業利益率は約25％）となっています。1ドル150円と換算すると、売上高は堂々の1兆円超えとなるのです。

医療分野では、手術ロボットが新たなスタンダードとして定着しつつあります。そのなかでもIntuitive Surgical社は圧倒的な存在感を誇ります。同社が開発した「ダヴィンチ」という手術システムは、その市場シェアが金額ベースで約80％という驚異的な数字を叩き出しています。

ダヴィンチシステムによって外科医は小さな切開から人間の手では難しい精密な操作を実現し、患者への負担を劇的に減らすことができます。ダヴィンチを使うことで、傷口が小さくなり出血量が減るほか、入院期間の短縮というメリットや細かい作業が可能なことで合併症が低減できるなどの利点も報告されています。このような事例は、多くの医療機関や患者にとって大きな魅力となっています。

ダヴィンチの成功の背後には、非常に興味深いビジネスモデルがあります。**なんと本体販売は売上の約3割にすぎず、残りの70％は消耗品やサービスからの収益なのです。**ロボットアーム先端のハンドにあたる鉗子《かんし》などの手術器具は約10回使用すると交換が必要になっており、交換頻度の高い消耗品になっています。一方、サービスはロボット本体の保守と関連する医師や看護師などへの教育訓練です。このような収益モデルを構築することで、高い収益性を実現しています。

手術ロボットという言葉からイメージする事業とはギャップがあるかもしれませんが、「プリンターのトナー」や「髭剃りの剃り刃」のような消耗品のビジネスモデルを展開しているのです。各手術で使用される道具やメンテナンス、サービスは、継続的に収益をもたらす重要な要素となっています。

年間販売台数の約1350台という数だけにとらわれると、このビジネスの本質を見誤ってしまうことになります。単価が高いので、本体だけでも約2500億円という販売金額の規模になるのも、もちろんすごいのですが、その本質は本体販売の裏にその約3倍の規模を稼ぎ出す消耗品やサービスのビジネスモデルが存在しているということなのです。

ALL ABOUT THE ROBOT BUSINESS

２ データの量がつくり上げる参入障壁

手術ロボット業界で圧倒的な存在感を持つ「ダヴィンチ」の事業をするIntuitive Surgical社にとって、最も大事な指標は何でしょうか。

Intuitive Surgical社のレポートなどを見ると、３つの指標を重要視していることがわかります。１つは「販売台数」。もう１つは「ダヴィンチを使った学術論文の数」。そして、その２つを抑えてプレゼンなどの最初でアピールしている数字は、なんと「手術回数」です。その数は、２０２３年は２２５万回を超え、24年は２５０万回を超えると予想されています。世界中で年間２５０万回の手術がおこなわれているということは、約10秒に１回、世界のどこかでダヴィンチにより手術されている人がいることを意味しています。

私が知る限り、手術回数、つまり、どれくらいロボットが使われているかを最重要視しているロボットメーカーは見たことがありません。多くのメーカーが販売台数、全額規模を重要視するなかで、この事実は一体何を意味するのでしょうか。

これは会社のビジネスモデルと大きく関連しています。前述したように、Intuitive Surgical社は本体の売上が3割、消耗品・サービスが売上の7割を占めるという構成になっています。すなわち、販売後も継続的に収益が期待できるリカーリングビジネスということになります。

最新の資料では、23年のリカーリング比率は83％まで高まるとも言われています。まるでソフトウェア企業が「SaaS（Software as a Service）」として月ごとに利用料を稼ぎ、事業を成長させているかのように、手術のたびに消耗品で稼いでいるのです。

そして、手術回数がつくり上げるのは、単なる収益面での特徴だけではありません。この頻繁な使用が生み出すのは、膨大なデータであり、そのデータが他の企業の参入を困難にしています。

Intuitive Surgical社の主要な特許が2020年頃に切れたことで、多くの企業がこの市場に参入しました。たとえば、川崎重工業やJohnson&Johnson、さらにはGoogle関連企業などさまざまな業種が興味を持ったのです。そして、メディアなどでは、ダヴィンチ一強の時代も遂に終焉するという報道が目立ちました。しかし、これらの企業が市場のシェアを奪うのは容易ではありません。その理由は、Intuitive Surgicalが持つ蓄積されたデータの量と質が大きな壁となっているからです。

手術がおこなわれるたびにデータが収集され、システムの改良に役立てられます。この循環が新規参入企業には大きな障壁となります。どの症例にどのように対応するかという詳細なデータが蓄積されています。これにより、ダヴィンチは他の企業にはない信頼性と実績を持つことになり、冒頭に紹介したもうひとつのＫＰＩである学術論文として発表され、エビデンスを重んじる医療機関からの支持を得やすい状況になっていくのです。

さらに最新のモデル「ダヴィンチ５」では、センサーが追加され、手術者が力を感じながら手術できるようにする機能の追加がありました。もちろん、より安全に、より精密な作業ができるというメリットもあるかもしれませんが、この機能の裏にはもっと大きな戦略があるのではないかと思います。

このセンサーにより、手術中のどのタイミングで臓器などにどの程度の力をかけているかというデータを収集できます。これにより手術の一部、またはすべてを自動化する際の基盤となる情報が得られるのです。現状は医師が遠隔操作でおこなう手術がメインですが、蓄積されたデータを活用すれば、簡単な処置から始めて最終的には完全自動化まで進む可能性があります。今後、データを収集するだけでなく、それをどのように最適化し、実際の手術や治療に応用するかが重要な課題となります。

要するに、ダヴィンチという手術システムがつくり上げた参入障壁は、技術レベルが高いというだけではなく、データの蓄積とその活用によるものなのです。

新たな参入企業が同じ量と質のデータを収集し、活用するのは容易ではありません。このデータの蓄積が、自社のビジネスはもちろんのこと、未来の医療に大きな影響を与えることでしょう。手術ロボットの王者の事業は、ロボットビジネスが機械の性能の競争だけでなく、データの知識と運用が鍵となる時代へと進化していることを示唆しているのです。

もちろん、Intuitive Surgical社にも解決すべき課題があります。本体価格が数百万ドルという1億円を超える金額になっており、この高額な初期投資が導入の障壁となる場合も多いのです。多くの病院では予算制約から新しい技術導入に踏み切れないことがあります。

このような状況下で、競合他社も黙って指をくわえているだけではありません。低コスト化やビジネスモデルなど導入しやすさで勝負する企業、東南アジアなどまだ手術ロボットが普及していない地域で勝負する企業。それぞれの企業が戦略を持って取り組み始めており、今後この市場はより洗練されていくでしょう。

ALL ABOUT THE ROBOT BUSINESS

3 広がるRaaSの世界

みなさんがサブスクで使っているものにどのようなものがあるでしょうか。

昔であれば、新聞や牛乳もサブスクの走りと言えると思いますし、スマホ、音楽・動画配信サービス、飲料や家電などを月額いくらというかたちで利用する方も多いでしょう。このなかに「ロボット」が加わる日も近いかもしれません。

現在のさまざまな分野でのロボットの広がりの背後には、技術の進歩だけではなく「RaaS」という新しいサービスモデルがあります。第2章の農業ロボットなどこれまでも何度か出てきた言葉ですが、ここであらためてRaaSがどのように進化し、私たちの生活やビジネスにどのような変化をもたらしているのかについて探ってみたいと思います。

まず、RaaSとは何でしょうか。

RaaSは「Robot as a Service」の略で、ロボットを購入するのではなくサービスとして利用するモデルを指します。以前は、ロボット導入と言えば高額なハードウェアを購入することを前提にしていました。**しかし、RaaSの登場により、いままでロボットの導入が難しかった多くの企業が手軽にロボット技術を利用できるようになったのです。**この変化は特に大きな金額の設備投資に慣れていない中小企業やサービス産業にとって大きな革命と言えるでしょう。

RaaSの代表的な利用モデルは、４つ挙げられます。

まずは「サブスクリプションモデル」です。これは一定の月額料金を支払うことで、必要に応じてロボットを利用できるモデルです。次に「業務請負モデル」で、これはロボットの操作やメンテナンスなども含めて特定の業務をまるごと任せることで、運用コストを削減しようとするものです。さらに「従量課金モデル」があります。これは利用時間や作業量に応じて料金が発生する仕組みで、無駄なコストが発生しにくいモデルです。最後が

「成功報酬モデル」で、ロボットが達成した成果に対して報酬を支払うモデルです。ユーザーが事業活動をした成果に応じた料金になるためリスクを軽減することができます。

このようなさまざまなモデルが、ユーザー側に合わせた柔軟な選択肢を提供しています。

ロボットの種類によって、どれかひとつのモデルを選ばないといけないというわけではありません。ユニークな事例としては、ソフトバンクの掃除ロボットビジネスがあります。ソフトバンクは「Whiz」という掃除ロボットをオフィスビルや商業施設に提供しています。基本的には月額制のサブスクリプションでロボットを提供するというモデルです。

一方で、ソフトバンクは、くうかん社と提携し「SmartBX」という掃除会社を設立しました。この会社は掃除業務そのものを受託しています。つまり、業務請負型へと進化しています。ユーザー側は自社でロボットの操作やメンテナンスをおこなう必要がなく、掃除業務全体を外部に委託することができますし、逆にSmartBX社としては支払われた委託費のなかで過去の知見なども活用しながら効率的に掃除ができればできるほど利益を確保できることになるのです。

RaaSは、ビジネスモデルの切り口でロボット技術の普及を加速させています。

現在は人手不足が進んでいる物流、小売、飲食などの業界を中心にしてRaaSモデルが使われていることが多いですが、今後も年18％程度の成長が見込まれています。企業はこの新しいサービスモデルを活用することで、中小企業やサービス業といった新しいユーザーに対しても、効率的かつ柔軟な運営が可能となり、人手不足やコスト削減といった課題にも対応できるでしょう。

ALL ABOUT THE ROBOT BUSINESS

4

存在感の高まるSIerというポジション

ある日、あなたが訪れた社員食堂で、注文から調理、配膳に至るまですべて完全自動化されていたとしたら、その背後にどれだけの技術と工夫が隠れているか想像できるでしょうか。

実は、大阪にあるＨＣＩという企業がまさにそのようなショーケースを持っています。ＨＣＩは、もともと機械製造業を中心にインテグレーターとして活動していましたが、現在は掃除、配膳などのサービスロボット分野にも積極的に進出しています。しかも、この社員食堂は社外の人も利用できます。料理をするためにきめ細かく調整されたロボットの一挙手一投足から技術力とシステムインテグレーション（ＳＩ）力を感じながら食べることができるのです。

では、そもそもなぜＳＩがこれほど重要なのでしょうか。

ロボットはそれ単体ではただの金属の塊にすぎません。動きを検出するセンサーや他の機器と連動することで初めて目的のタスクを実現します。そこで必要になるのがＳＩです。

ＳＩは、異なるハードウェアやソフトウェアを統合し、ひとつのシステムとして動かすための技術です。**周囲の状況を見極めて適切に動作するためには、システム全体の設計と調整をおこなうSIの存在が必要不可欠なのです。**

ただ残念ながら、現状ではＳＩをおこなうSIerと呼ばれる企業は、案件ごとに個別対応することが多く、大きな利益を上げられている企業は少ないのが実情です。それぞれの案件のなかで、顧客からは限られた予算にもかかわらずたくさんの要望が次々と出され、利益を圧迫しているのです。

ＳＩのプロジェクトは各企業のニーズに合わせたカスタマイズが必要となり、対応の手間がかかることが理由のひとつですが、ロボットの導入を下支えしてきた功労者とも言えるSIerが儲かりにくくなってしまっているというのはなんとも悲しいことです。

しかし、この状況は今後変わる可能性があります。というより、変えていくための取り組みを積極的におこなっていく必要があるのです。前章でも書いたようにロボットと進化したＡＩの組み合わせによって、ロボットのティーチング（動作の教示）が簡単になり、ＳＩにかかるコストが低下することが見込まれています。

たとえば、ChatGPTのような生成ＡＩを活用することで、テキストや音声で「このようなことができるように動かして！」と指示するだけでロボットが動くようになれば、従来は専門知識が求められたティーチング作業が省力化されるでしょう。これにより、自動車産業や電機電子産業の大企業だけでなく、中小企業や新しい産業分野にもロボットの利用が広がると予想されています。

実際に大手企業もＳＩ分野への投資を積極的におこなっています。たとえば、日立は海外の大手ＳＩ企業を買収して対応できる業界や業務幅を拡大しています。これにより単なる製品提供にとどまらず、包括的なソリューションを提供できる体制を整えています。

ＳＩの普及とロボット導入の加速に向けては、まだまだやるべきこともあります。ひとつはソフトウェアの強化です。生成ＡＩなどを制御用ソフトウェアに活用していくことはもちろんのこと、その前に複数のメーカーのロボットを統一的に制御できるソフトウェアや管理システムなどの開発と整備が非常に重要になります。そのための技術の標準化も必要です。異なるメーカーの機器が簡単に、そしてシームレスに連携するためには、共通のプロトコルやインタフェースを作っていく必要があるのです。このような課題を乗り越え、開発やカスタマイズのコストを削減することが「儲かるＳＩ」の実現につながっていくでしょう。

そして、その活動を支える人材育成も大きな課題となります。現在、SIerの人材不足や育成の課題も深刻であり、90％の企業が人材不足を感じているとの調査結果もあります。

このような現状に対して、経済産業省もスキルの高い人材が多い高専などでのロボットのシステムインテグレーターの育成を強化したり、そのベースとなる標準的なスキルのレベル定義やインテグレーションをおこなうプロセスの標準化を推進したりしています。人材育成や評価基準が明確になり、業界全体の技術力向上や新卒採用や若手エンジニア育成にもつながっていくことが期待されています。

ロボットとＡＩ技術の進化に伴い、SIerの役割は多様化するかもしれません。

しかし、ロボット活用の最前線にいて、顧客のこと、業界のことを知り尽くしているSIerという仕事だからこそ、ロボット業界の変革を支える重要なポジションとして、必要性が高まっていくことは間違いありません。

ALL ABOUT THE ROBOT BUSINESS

5 ロボット本体以外にもロボットビジネスの領域が広がる

ロボットのビジネスと言うと「ロボット本体の製造や販売」やそれらを統合する「インテグレーター」に限られているように思われがちです。しかし、実際にはその背後で数多くの関連ビジネスが成立し、私たちの生活に新しい変化をもたらそうとしています。

まず、ロボットを動かすための制御ソフトウェアは、ロボットの「頭脳」に当たります。これがなければ、どれだけ高度なハードウェアであってもただの「動かない物」となってしまいます。また、単体の制御ソフトだけではなく、複数のロボットを効率よく運行管理するためのソフトウェアも欠かすことができません。これは、フリートマネジメントとも呼ばれたりしますが、ロボット群が一体となって働くための「指揮官」の役割を果たすのです。Amazonの倉庫では数千台のロボットが共に作業をおこなっているという事例も紹介しましたが、その運行管理は高度なソフトウェアによって支えられています。この管理技術がなければ、ロボット同士の衝突や効率の低下が生じ、期待される効果を得られません。この分野は、ソフト会社、SIer、デベロッパーなど多様なプレイヤーが参画し、最も競争が激化していく領域のひとつと言ってもよいでしょう。

これらのビジネスは、ソフトウェアをハードウェアに依存しないようにする、さらには、導入後もソフトウェアをどんどんと最新のものに更新していく「ソフトウェア・デファインドなロボット（Software-defined Robot）」という世の中の潮流とも直結しています。つまり、ハードウェアの性能向上に加え、ソフトウェアの機能がますます重要になっていくのです。ロボットの開発段階から運用段階まで、多くのプロセスでソフトウェアのプレイヤーが活躍していくことになるでしょう。たとえば、シミュレーションソフトを用いて設計段階でロボットの動作を確認し、最適化を図ることが一般的になるのです。これにより、実際のロボット開発コストを削減し、効率を向上させることが可能となります。

そして、ロボットビジネスは、ロボットの開発に関連するものだけでもありません。たとえば、本書の最初に事例として紹介した配膳ロボットであれば、Pudu社といったメーカーが存在し、それを実際に店舗で動く状態に仕上げるＤＦＡ社などのシステムインテグレーター、そして店舗でロボットを使ってユーザーに食事を配膳するファミレスなどの飲食店がサービス提供者として存在しています。そして、サービス提供時にロボットを実際に運用するための教育およびトレーニングの分野でもさまざまな取り組みが動き始めています。すでに自動車教習所のように、ロボットを正しく、安全に運用するための訓練をおこなうサービスも提供されています。

もちろん、ロボットを導入した後の運用・維持メンテナンスも欠かせません。ロボットが適切に機能し続けるためには、定期的な点検や修理が必要です。これには、プログラムのアップデートやセンサーの校正、バッテリーの交換などが含まれます。そして、そもそもロボットを保管・管理しておくステーションのような場所も必要になってきます。ガソリンスタンドやコンビニなどがそのような拠点として期待されているとともに、一部の実証では実際にそれらの場所をロボット運用のハブとして活用するトライが始まっています。

さらに、ロボットの安全検証や認証取得の支援サービスも生まれるでしょう。特に、公共の場でロボットを運用する場合、安全性の確保は最優先課題です。そして、たとえば、ロボットが市街地など公共空間を走行する際には、万が一の事故に備えた保険も必要となります。そのため、多くの保険会社が専用の保険商品を開発しており、新たな市場を形成しようとしています。

このようにロボットビジネスでは、本体の製造や販売といった本流だけでなく、その傍流にも多くの関連ビジネスが広がっています。ロボット関連ビジネスは、バリューチェーンの川上から川下の全体にわたって存在します。今後も新たなビジネスチャンスが次々と生まれることでしょう。ロボット技術の進化とともに、多様な分野でのロボット活用が進むなか、これからの展開に大いに期待が寄せられています。

ALL ABOUT THE ROBOT BUSINESS

6 ライバル企業間の協調の先にあるもの

ロボットがエレベーターを自在に利用する光景に出会ったことはありませんか。一昔前まではロボットがエレベーターに乗るというのは特別なことでしたが、最近では多くのロボットが比較的簡単に実現できるようになったのです。実は、これは先進的な技術のおかげというよりも、多くの企業や団体が協力し合った成果なのです。ロボットとエレベーターの通信方法の標準化はその一例です。このような協調のなかで見えてくるのは、単なる「仲良しごっこ」ではなく、むしろ競争の激化の兆候なのかもしれません。

さて、ロボット産業はその特性から、多種多様な要素が必要です。ハードウェア、ソフトウェア、通信、センサー技術や、最近ではＡＩ技術など、各分野を専門とする企業が集まることで、初めてソリューションやバリューチェーン、サプライチェーンが完成するケースがほとんどです。ひとつのロボットメーカーだけでサービスが完結することは稀で、複数のメーカーのロボットを束ねて活用するというのが今後ますます増えていくでしょう。

このような背景から、「水平分業」と呼ばれる形態が増えてきています。つまり、一企業がすべてを垂直統合で完結するのではなく、各社が得意分野を持ち寄って協業することで全体を完成させるのです。

この流れのなかで、オープンイノベーションは非常に有効な手段となります。たとえば、メーカーの川崎重工業は、東京大学などのアカデミアとさまざまな共同研究をおこなうだけでなく、自律移動ソフトを開発するスタートアップとの協業などを積極的におこなったり、羽田空港の近くに「Future Lab HANEDA」というオープンイノベーションエリアを設立し、ロボティクス製品の開発と社会実装を推進しています。

ユーザーとなるＪＲ東日本も、調理ロボットや自動レジなどのスタートアップ支援を積極的におこなうほか、実際に駅をフィールドとして、多数のロボットを同時に運用するような取り組みに挑戦しているのです。

　また、ロボット産業はまだ発展途上であり、標準化・ルール作りが進んでいない、もしくは現在進行形で進んでいる領域も多々あります。たとえば、これまでの章でも紹介しましたが、ロボットが公道を走行するための規制や、複数台のロボットが情報をやり取りするためのプロトコルなどが挙げられます。これを個別企業がそれぞれ対応しようとすると、効率が悪く、非効率な競争が生じます。そのため、関連企業や団体が協力して共通のルールや標準を定めることが求められます。

　このような活動は「協調領域」と表現されることが多いですが、単に「仲良しクラブ」でルールを決めるということではありません。これらの取り組みは、新しい市場を迅速に立ち上げていくために必要な「プレ・コンペティティブ（前競争的）」な活動といえます。**標準化や共通ルールの策定は、競争を激化させる前段階での準備として重要なのです。**たとえば、ロボットフレンドリーなエレベーターの通信プロトコルについても、これを早い段階で標準化することで、新しいプレイヤーが参入しやすくなり、市場全体が活性化します。すなわち、競争し、奪い合うパイが存在する規模に素早く成長するための施策として機能するのです。

今後、この協調領域をさらに発展させるためにはいくつかの課題があります。当たり前ですが、まず各企業間での信頼関係を築くことが重要です。特に競争相手との連携にはリスクが伴うので、競争法などには十二分に配慮しながらも、お互いに利益を享受できる仕組みづくりが求められます。そもそも日本の企業は、オープンなコラボレーションが苦手という特徴もあるように感じます。もちろん、すべてを公開する必要はないのですが、競争力の源泉というのは意外と非常に限られているにもかかわらず、海外企業と比べると必要以上に隠そうとする傾向があります。

この特性は、結果的に迅速な意思決定と実行速度にダイレクトに影響してきます。そして、多くの企業が関与するプロジェクトでは、調整が複雑化し、速度が落ちることがあります。このようなことは、技術の進歩が速く、グローバルな競争も激化しているロボット業界において致命的な弱点となり得ます。スピード感を持って、そして、政府や業界団体の積極的な関与もありながら、日本国内だけでなく国際的にも通用するルールや基準を設定することで、市場全体を活性化していくことが必要になってくるでしょう。

これからのロボット産業では、協調領域での活動が一層重要になることは間違いありません。

新しい技術や市場を大きく成長させるためには、オープンイノベーションを推進し、標準化や共通ルールの策定を進める必要があります。**協調領域の盛り上がりは、一見すると仲良しクラブのようにも見えますが、その実態は新たな競争環境への適応戦略として位置づけるべきです。**このような取り組みこそが、新しい産業革命を引き起こす原動力となるでしょう。そして、それこそが「決戦前夜」の兆候の真実なのかもしれません。

ALL ABOUT THE ROBOT BUSINESS COLUMN

エコシステムをつくる業界団体

「ロボット産業のエコシステムが急速に進化している」と聞くと、どんなイメージを抱くでしょうか。

エコシステムを支えるプレイヤーのひとつが業界団体です。

従来のロボット業界の業界団体と言えば、「ロボット工業会（JARA）」や「ロボットシステムインテグレータ協会」のように、特定の職種が集まる形式が一般的でした。「ロボットメーカー」や「システムインテグレーター（SIer）」というバリューチェーン上の特定の業種が集まり、業界としての課題や方向性についての議論や情報共有をおこなう場として機能してきました。もちろん、いま現在においても業界を牽引する存在です。しかし、近年ではエコシステム構築の重要性が高まり、従来とは異なるタイプの業界団体の存在感が増しています。

近年急速に増えているのが、配送ロボットの普及活動やルールメイキングをおこなう「ロボットデリバリー協会」や、施設内でロボットを効果的に活用するためのルール制定などを進める「ロボットフレンドリー施設推進機構」のような、メーカーに加えて、ユーザーやサービス提供者も参加する団体です。これらの団体は、技術を持つ企業だけでなく、実際にロボットを活用する企業や施設が協力することで、新しい産業を創出することを後押ししています。

さらに注目すべきは、ユーザー側が主導する動きです。たとえば「日本惣菜協会」といった組織がその代表例です。惣菜業界が自らのニーズを取りまとめたうえで、ロボットメーカーやSIerにフィードバックすることで、より適切な製品開発が可能となり、業界全体が恩恵を受けるという流れです。このようなユーザー主導の取り組みは、メーカーやSIerにとって非常に有り難いものであり、今後の産業発展に大きく寄与することでしょう。

特定の産業や企業だけでなく、産官学や業種を超えた情報共有、議論、実際の開発をおこなう組織も精力的に活動しています。たとえば、「ロボット革命・産業IoTイニシアティブ協議会（RRI）」、「産業用ロボット次世代基礎技術研究機構（ROBOCIP）」、「ロボットビジネス支援機構（ロビジー）」といった組織がよい例です。これらの組織は、国や大学、企業といった多様なバックグラウンドを持つメンバーが参加し、ロボット産業の未来を創造するための議論やプロジェクトを推進しています。

これからのロボット産業のエコシステムづくりは、一社完結では実現できません。メーカー、インテグレーター、サービス提供者、ユーザーなどが一体となり、業界団体がそのつなぎ役を果たしてこそ、初めて新しい技術やサービスが生まれ、価値の創造や循環が可能となり、成長していきます。多様なプレイヤーとの協力が生まれはじめ、いままさにオールジャパンでロボットビジネスに関するエコシステムが形成されつつあるのです。

第 9 章

遠隔操作ロボットから学ぶ新しい働き方の世界

Chapter 9

The World of Remotely Operated Robots and the Future of Work

ALL ABOUT THE ROBOT BUSINESS

1

鉄腕アトムもいれば 鉄人28号もいる

「ドラえもん」と「ガンダム」の違いは何でしょうか。

「大きさ?」「強さ?」「かわいらしさ?」

違いはたくさんありますが、技術視点で見ると、一番大きな違いは全自動かどうかということではないでしょうか。

ここまで紹介してきたように、いまや私たちの身の回りには、意外にも多くのロボットが存在しています。しかし、これらのロボットは単に全自動で動くものだけではありません。実際には、「自律型」と「操作型」という2つの大きなカテゴリーに分けられるのです。この違いを理解することは、私たちの生活におけるロボットの役割や未来を見通す手助けとなります。

アニメの世界では、「鉄腕アトム」は自律型ロボットとして描かれています。自分で考え、判断し、人間とコミュニケーションを取ることができます。一方、「鉄人28号」は操作型ロボットであり、操縦者がリモコンで指示を出して動かすタイプです。

もう少し若い人たちにも伝わる事例を探してみましょう。「ドラえもん」も自律型ロボットとして位置づけられます。どこでもドアやタケコプターなど未来の道具を使って人々を助ける存在ですが、自分でどんな道具が必要か判断し行動する能力を持っています。対照的に、『機動戦士ガンダム』や『攻殻機動隊』に登場するロボットは操縦型であり、人間が直接操作してその機能を発揮します。操作方法はさまざまで、『ガンダム』では重機を操作するようにレバーやペダルで操作し、『攻殻機動隊』や『新世紀エヴァンゲリオン』では人の脳などの神経の信号をもとに思った通りにロボットを動かしたりするのです。このような自律型と操作型の違いは、これから私たちがどのようにロボットと関わっていくかを考えるうえで非常に重要です。

マンガやアニメだけでなく、実際の世界でも遠隔操作型ロボットは進化しています。たとえば、ＪＲ西日本では、重量物を遠隔操作で扱うことができる巨大ロボットが導入されています。真上を見上げるように存在するこのロボットは最大40kgまでの物体を把持し、最高12mという高所作業をおこなうことが可能です。これにより、架線支持物の塗装といった鉄道インフラのメンテナンス作業の安全性が向上し、人間が危険な場所で作業する必要がなくなります。一般的には、遠隔操作ロボットには、遠隔操作時の通信遅延への対応や直観的に操作可能なインタフェースの開発といった課題があるとも言われていますが、このような実フィールドにおける活用事例は、遠隔技術がどれほど実用的であるかを示しています。

「ロボット」という言葉を聞くと、反射的に「自動化」というものが想起されがちですが、マンガの世界に「鉄腕アトムもいれば鉄人28号もいる」というように、実世界においても何でもかんでも完全自動化というのがロボット化の答えではありません。**自動化しようとすると、とても大規模な技術開発が必要となる場合でも、遠隔操作であれば易々と実現できるということもあります。**

自律型のロボットと操作型のロボットとの特性を理解し、実世界でもロボットの役割、機能、使われる環境や制約条件に応じた最適な選択をしていく必要があるのです。

ALL ABOUT THE ROBOT BUSINESS

2

遠隔がもたらす価値

遠く離れた世界的な専門医の手術が近所の病院で受けられる。そんなSFのようなシーンが実現するかもしれません。

このような取り組みは意外と古く、2001年にはアメリカのニューヨークとフランスのストラスブールをつないだリンドバーグ手術という有名な手術がおこなわれ、ストラスブールにいる患者の胆嚢摘出術に成功したのです。国内でも日本と海外をつないだ手術や日本の国内の拠点をつないだ遠隔手術も昔からおこなわれており、最近でも2021年には弘前大学医学部附属病院から150キロメートル離れたむつ総合病院の手術支援ロボットを遠隔操作しています。このような取り組みは、特に地方で外科医が不足している現状において、地域格差を是正する大きな意義があります。

遠隔操作技術は医療や他の産業において劇的な進化を遂げており、その影響は私たちの生活のあらゆる側面に及んでいくことになります。遠隔操作技術が注目される理由は多岐にわたりますが、便利さを提供するだけではありません。

まず、遠隔操作により、物理的な距離を無視して知識や技術を活用できます。これにより、作業するほうもされるほうも場所によらず世界中のどこからでも、いつでもタスクを実行できるようになります。逆に、時差などを利用することで24時間サービスの提供を容易にすることもできます。

また、危険な環境での作業をロボットに任せることで、人間は安全な場所から操作が可能です。たとえば、災害現場や放射線管理区域での作業がこれに該当します。

そして、遠隔操作の最大の強みは「人間の脳を使える」という点にあります。ロボットはまだ完全無欠ではなく、変動する環境や予測不能な状況での判断に迷うことがあります。しかし、人間がリアルタイムで状況を把握し、理解し、適切な判断を下してロボットを操作することにより、これらの問題は解決されます。そうしたときに、人間の指示によってロボットが適切に動くことは大きなメリットです。

　このような人間とロボットの協働は、多くの分野で新たな価値を生み出しています。たとえば、冒頭の手術ロボットはその一例です。手術という複雑でケースバイケースの判断が必要な状況では、人間の判断が有効です。遠隔操作である手術支援ロボットを使用することで、状況の判断やロボットの操作などは人間がしながらも、ロボット制御により人間の手の震えを排除した精密な動作が可能になり、より安全かつ効果的な治療を実現しています。

　しかしながら、このような遠隔操作技術にはいくつか解決すべき課題も存在します。まずは通信インフラの整備が挙げられます。最近では4Gなどのすでに普及した通信方式で安定した作業ができる技術も増えてきていますが、遠隔操作をおこなうには高速かつ遅延の少ない安定した通信環境のほうがよいことは間違いありません。特に、災害時や過疎地ではインフラが整っていないことが多く、これがひとつのボトルネックとなる可能性もあります。また、遠隔操作にはデータ通信が伴うため、サイバー攻撃などによる情報漏洩やシステム障害への対策も重要です。信頼性と安全性を確保するためには、高度なセキュリティ対策が求められるのです。

そして、これらの課題を解決しながら、私たちの生活はもっと便利で安全なものになると期待されます。たとえば、5Gやその先の6G通信技術が普及すれば、より高速かつ安定した通信が可能となり、遠隔操作の精度と信頼性が大幅に向上します。医療分野だけでなく、教育や労働現場でも遠隔技術の応用が進み、多くの人々がその恩恵を受けることとなるでしょう。遠隔操作技術は、私たちのくらしや働き方の未来を変える大きな力を秘めているのです。

ALL ABOUT THE ROBOT BUSINESS

3

３Ｋから４Ｋへ。そして、くらしのなかに

コンビニのペットボトル飲料を棚に補充する様子をじっくり見たことはありますか。

実はその作業は遠隔操作ロボットがおこなっているかもしれません。２０２２年にコンビニ大手のファミリーマートは、日本のスタートアップであるテレイグジスタンス社が開発したロボットを３００店舗に導入することを発表したのです。店舗従業員への作業負荷の大きい飲料補充業務を24時間おこない、これまで人間がおこなっていた飲料補充業務を完全になくすことを目指しています。遠隔操作型ロボットを採用することで、店舗人員を増やすことなく新たな時間を創出し、店舗の労働環境や売場のさらなる質の向上、店舗の採算性の改善が可能となります。

また同様に日本のスタートアップであるugo社は、遠隔操作と自動化を組み合わせた警

備や点検用のロボットをオフィスビル、商業施設、インフラ会社にすでに200台以上も導入しています。遠隔操作をうまく組み合わせることで、ユーザーの既存の設備を変更することなく、アナログ計器の読み取りなど細かい作業も含む人の業務を確実に代替しているのです。このようにくらしや仕事の意外に身近なところで遠隔操作を活用したロボットが活躍を始めています。

このような遠隔操作ロボットは最近になって登場したわけではありません。1991年の雲仙普賢岳の噴火や、2009年の国際宇宙ステーション（ISS）での船外活動、2011年の東日本大震災時の原子力発電所対応など、遠隔操作ロボットは常に人間が直接行きにくい「3K（危険・汚い・きつい）」の現場で活躍してきました。雲仙普賢岳の現場では、警戒区域内でも安全に堆積物を掘削・搬出するために重機を遠隔から操作し、ISSの日本実験棟「きぼう」では船外活動を船内から操作されたロボットアームにより実施するというミッションを達成しました。このような過酷な環境で、安全性と効率を確保するために、人間に代わって作業をおこなってきたのです。

ところが、2020年に世界を襲った新型コロナウイルス（COVID-19）は、新たな

「K」を追加しました。それは「感染」です。**感染リスクを避けることを目的として、遠隔操作技術が急速に普及し、従来の3Kに加えて4K（危険・汚い・きつい・感染）を回避するために幅広く活用されるようになりました。**

たとえば、新たなKが追加されたのは、病院での利用が挙げられます。医療スタッフが直接患者と接触せずに、感染リスクを最小化した状態で会話や診断をおこなうために、遠隔操作型のコミュニケーションロボットが導入されました。これにより、医療スタッフの負担軽減と安全性の向上が図られています。介護施設や在宅医療でも同様の技術が利用され、コロナ禍であっても高齢者や持病を持つ人々にも安心なサポートを提供する試みがおこなわれました。そして、海外ではコミュニケーションだけでなく、超音波などの検査も遠隔でおこなわれるケースも生まれたのです。

このような流れを経て、遠隔操作ロボットは災害や宇宙などの極限環境の現場だけでなく、病院など生活圏のなかでも使われるようになり、現在では私たちの日常生活にも浸透しています。冒頭で紹介したように、コンビニでは遠隔操作ロボットが商品補充をおこない、街中では遠隔操作型のデリバリーロボットが食事を家庭に届けるサービスも増加しています。このようなロボットにおいては、常時遠隔からロボットを操作するというよりは、通常はロボットが自律的に判断、稼働し、たとえばペットボトルが棚で大量に倒れてしまって作業ができないとか、路上に大量の違法車両があり走行できないなど、ロボットが判断に困るようなイレギュラーな状況で遠隔から人が介入するというオペレーションが一般的になってきているのです。

COVID-19によりリモートワークが一気に浸透したように、遠隔操作型のロボットも社会全体での受け入れが進む一方で、職場環境や生活習慣の変化にも対応する必要がありまず。新たな技術による働き方の変革には、新しいスキルの習得が求められますし、ロボットに対する心理的な抵抗感も克服する必要があるのです。

遠隔操作ロボットは、私たちの生活をより便利で安全なものにする可能性を秘めています。遠くの非日常的な仕事で使われていた遠隔操作ロボットは、いまや身近な日常的な仕事でも積極的に使われるように時代が変わったのです。この新しい時代、私たち一人ひとりが技術の可能性を理解し、積極的に活用していくことが重要になりそうです。

ALL ABOUT THE ROBOT BUSINESS

4 家からロボット操作のリモート勤務も当たり前に

隙間時間に自宅からちょっと働く。そんなシーンが遠隔ロボットにより拡大するかもしれません。

世界の街を歩いていると、見かけるようになってきた小さな配送ロボット。実は、配送ロボットは基本的には遠隔監視をおこなうシステムとつながり、ときにリモート操作されているという事実をご存じでしょうか。

配送ロボットが公道というパブリックな場所を走行する際には、工事などで予期せぬかたちで走路が防がれている、パトカーや救急車といった緊急車両が接近してくるといった環境の変化にも臨機応変に対応しなければなりません。そのため、多くの場合、リモート操作システムが活用されています。遠隔操作をすることで、実際にその場にいなくてもロボットの操作が可能となり、時間や場所の制約から解放されるのです。たとえば、アメリカで走行する配送ロボットを操作するために、必ずしもアメリカ国内にいる必要はありません。より賃金の安いメキシコなど南アメリカから、または時差を活かして東南アジアから操作することも可能です。これにより、24時間体制での対応が可能となります。

このような遠隔操作技術の進化により、労働市場にも新しい風が吹き込まれています。たとえば、川崎重工業とソニーが作った会社であるリモートロボティクス社などの企業が提案するように、工場などに設置しているロボットのリモート操作作業を家の中から隙間時間におこなうことも想定されています。遠隔操作によって働くという新しいスタイルが普及することで、働く場所や時間の柔軟性が増します。これにより、家族と過ごす時間を確保しながら働くことや好きな場所で働くことが可能になり、ワークライフバランスの向上が期待されます。特に育児、介護、健康上の理由でフルタイム勤務が難しい人々にとっては、労働市場に参加するチャンスが広がります。また、スキルに自信がある人にとっては、仕事の範囲を一気に世界中に広げることもできるのです。

しかし、この新しい働き方には課題もあります。たとえば、ロボットがある国とは違う国からリモート操作した場合、労働管理や最低賃金、事故が発生した際の責任はどこの国の法律で処理されるべきかといった問題です。これに関しては、各国の法律や規制を調整し、グローバルな視点で解決策を見出す必要があります。とはいえ、このような課題が解決されれば、企業は世界中から適切な労働力を集めることができ、労働力を提供したい個人とのグローバルなマッチングビジネスも将来的には流行するでしょう。

一方で、遠隔操作技術の導入は、企業にとってもコスト削減の手段となります。

ロボットシステムの導入コスト自体は、もともと人手不足などで自動化しようとした場合と比べて割高になるわけでもありません。予定していたロボット本体は基本的には同じで、自動化よりも環境を整備するインテグレーションコストは下がります。もちろん、遠隔操作する人の人件費や遠隔から操作するために必要なセンサーやネットワークなどは追加で費用がかかりますが、操作者は出社する必要もなく、たとえば、オフィススペースの削減や、通勤による時間や交通費の削減が可能です。さらに、世界中から最適な労働力を採用することで、生産性の向上も期待されます。

新型コロナによって定着したリモートワークは、基本的には企画などデスクワークが対象でした。**遠隔操作ロボットが普及した場合には、デスクワークだけではなく、製造、介護、物流などフィジカルな現場作業を伴う仕事、特にエッセンシャルワークとも言われる仕事も含めて、リモート化が技術的には可能になります。**

このように、遠隔操作よるリモート勤務は、働き方のひとつにとどまらず、社会全体に大きな構造変化をもたらす可能性を秘めています。私たちが今後、どのようにこの技術を活用し、メリットを最大限に引き出すかが問われています。

ALL ABOUT THE ROBOT BUSINESS

5 同時に10台のロボを操るゲーマー

ロボットは仕事を奪うのでしょうか。決して、そんなことだけではありません。

ロボット導入の加速により、「遠隔操作オペレーター」という新たな職業も登場しています。この職業は、日本やアメリカなどでも急速に求人が増加しており、日本では時給1500円、夜間は1800円などというアルバイトとしては高い条件で募集されていたりもします。このような状況は、新しい働き方の象徴とも言えるでしょう。

では、この遠隔操作の仕事に向いているのはどんな人々でしょうか。

それが意外にも「ゲーマー」なのです。**ゲーマーは、ゲームで培った反射神経や、複数のタスクを同時処理する能力、そして先を読んで動く力を持っています。**もちろん、想定外のピンチでも動じることはありません。これらの能力は、遠隔操作の仕事にぴったりであり、ゲームの世界で培ったスキルが、新しい職業に活かされるというのは、まさに現代ならではの話です。

実際に、ゲーマーがゲームと同じようにコントローラーを握り、遠隔操作ロボットのオペレーションで活躍しているという話も聞きますし、このようなスキルセットは、今後ますます需要が高まると予想されます。

しかし、この新しい職業には課題もあります。仮に1名で1台しか操作できない現状では、生産性向上には限界があります。もちろん、地方など本当に人手が集まらない場合においては、遠隔であっても1名確保できることに意味はあります。ただし、生産性という意味においては、1名で複数台のロボットを操作する必要があるのです。この課題解決には、1から10まですべてを遠隔操作でおこなうのではなく、自動化と手動操作を組み合わせる「Shared Control」と呼ばれる技術が鍵となります。

さらに注目すべき点として、遠隔操作から得られるデータがあります。

遠隔操作は遠隔操作だけでとどまらないのです。**遠隔操作時に得られるデータの分析によって、人間の判断プロセスや操作方法が明らかになり、それを基にAIが学習して、最終的には完全自動化への道を開くことが可能です。**

そして将来的には、遠隔操作によって得られたデータが「操作スキル」として抽象化されることで、まるでスマホでアプリをダウンロードするように他の人がネットからその人たちのロボットにダウンロードして、ロボットの操作スキルを活用するということも考えられます。たとえば、優秀なゲーマーがつくり出した操作データを他のオペレーターがダウンロードし、そのロボットにカスタマイズすることで、効率的にロボット操作がおこなえるようになるという未来が見えてきます。

人の動きをロボットの制御のために活用するという流れはすでに見られます。テスラ社などでは、人間の日常動作データを収集し、それをもとにヒューマノイドロボットが動作を学習していくということにも取り組んでいます。実際に自分の日常生活の動きデータを提供する仕事の求人もおこなわれています。このような取り組みは、人間とロボットとの新しい関係のあり方として興味深いものです。

これらを踏まえると、一見趣味のように思われるゲームのスキルが、新しい職業や産業の成長に寄与していくことがわかります。

ロボット活用によって生まれる職業や働き方には多くの可能性があります。ロボット技術を活用した自動化や遠隔化の変革期を経れば、スキルアップやキャリア形成の考え方すら変わってしまうかもしれません。そして、技術が進化するにつれてロボットの遠隔操作という仕事はさらに広がりを見せるでしょう。ゲーマーが同時に10台のロボットを操る世界は、決して遠い話ではないですし、すでに始まっている現実なのです。

ALL ABOUT THE ROBOT BUSINESS

6

働きがい、生きがいにも貢献

「障害があるのは人ではなく技術です」

世界有数の大学であるアメリカＭＩＴで教授を務め、自身も両足義足のHugh Herr氏が言った言葉です。

遠隔操作ロボットの活用は、文字通り、この言葉を具現化しています。遠隔操作技術が、障がい者や高齢者など、外出が難しい人々に新たな就労機会を提供する一助となっているのです。遠隔操作ロボットは多様性《ダイバーシティ》を促進する重要なツールにもなるのです。

たとえば、オリィ研究所が日本橋でおこなっている「分身ロボットカフェ」ではオペレーターが遠隔から移動型のロボットやコミュニケーションロボットを操作し、お客さんと接しています。このカフェで働くオペレーターの多くは何らかの理由で外出が困難なのですが、自宅からでも顧客を案内したり、注文を受けたりするなかでコミュニケーションを楽しんでいます。このような体験は彼らにとって新たな生きがいとなり、社会とのつながりを強くしています。

この取り組みは、新しいテクノロジーのあり方として、世界中から注目されており、カンヌライオンズやグッドデザイン大賞など国内外の有名な賞を獲得しているほか、カフェに行くと、世界中から人が訪れています。

私も数回このカフェを訪れたことがありますが、驚くのはコミュニケーションの質の高さです。オペレーターのなかにはテーマパークなどでの接客経験を持つ方もいて、遠隔で操作していることをほぼ感じさせない接客スキルを発揮しています。**ロボットがただの機械ではなく、人と人をつなぐ橋渡し役として機能しているのです。**日本橋のカフェには約70名の遠隔操作者が働いていて、募集をすると8～10倍の応募があるそうで、いかに外出困難者からの期待が高いかがわかります。

さらに、この流れは農業分野など別の分野にも広まっています。宮崎県のスタートアップであるアグリスト社では、ピーマン、きゅうりなどの自動収穫ロボットを開発していますが、収穫作業を遠隔からおこなう「農福連携」というサービスを提供しています。農作業の体力的な負担を軽減し、病気や障がいを抱える方々が遠隔で収穫作業をサポートできる仕組みを構築したのです。これにより農業従事者不足という課題にも対処しようとしています。

テクノロジーによって新たな働き方が可能になることで、人々は「働く楽しさ」を再発見し、自信や生きがいを感じることができます。

障がいのある方の多くは、これまで「ありがとう」という言葉を言う機会のほうが圧倒的に多かったはずです。遠隔操作ロボットの活用により、今度は「ありがとう」という言葉や報酬をもらう立場になりました。それは彼らのモチベーションにもつながり、そのような経験は単なる仕事以上の価値があるように思われます。

ただし、このような取り組みには課題も存在します。より長い時間働くようになった場合や、より重度の障がいのある方がケアを受けながら働くようになった場合には、働いたときの税制面や制度面の整理など、多角的な検討が必要になってくるかもしれません。また、企業側も積極的にダイバーシティ推進へ取り組む必要があるなかで、全社的な新しいテクノロジーへの理解と受け入れの仕組みを構築することも重要になるでしょう。

身体障がい・高齢・育児などの理由で、外出する際に何らかの困難を伴う「移動制約者」は、日本だけでも数百万人から数千万人いるとも言われています。

世界中で進むダイバーシティの潮流のなかで、遠隔操作ロボットが持つ可能性は非常に大きなものです。異なる背景や能力を持つ人々が、テクノロジーを通じて働き、社会に参画する機会を得ることで、社会全体が豊かになると言えるでしょう。ロボットが労働力補完だけではなく、人と人をつなぎ、一人ひとりの働きがいや生きがいをサポートする存在となることで、未来の働き方は大きな変革を遂げることになります。人間とロボットの共生社会のあり方を真剣に考えていかなければならないのです。

ロボットがますます高機能化する一方で、人間の役割がどのように変化するのかを見極めること、そして、どのように変化させていきたいのかという想いが求められます。これらの想いの解像度を一人ひとりが上げていくことで、より多くの人々が働きがいと生きがいを感じられる社会を築くことができるのです。

ALL ABOUT THE ROBOT BUSINESS COLUMN

遠隔操作ロボットの未来

遠隔操作ロボットの未来にはどのような可能性が広がっているのでしょうか。

まず、１名で複数台のロボットを操作するというのは現実的におこなわれるようになっています。たとえば、１名のオペレーターが10台の移動ロボットを遠隔操作することで、効率的な運用が可能になっているのです。

その次のステップとして、１体のロボットを複数の人で操作するということがおこなわれるようになるでしょう。たとえば医療分野では、遠隔手術を世界中の別々の場所にいる複数の専門医が交代で操作することで、より高品質な医療の提供が可能になることが期待されています。

そして、複数台のロボットを複数人が操作するというのが最終形になるでしょう。それぞれの人が得意なこと、やりたいことを自由に組み合わせ、場所に制約されずにさまざまな遠隔サービスがシームレスに提供されることになるのです。

また、ロボットの操作の方法も変わっていくことになります。いまは基本的にはゲームコントローラのようなデバイスを使って操作していますが、将来的には脳波などを用いた操作方法が実用レベルで開発されるでしょう。要素技術は着実に育ってきています。脳で考えたことは言語として可視化されるようになってきていますし、テキスト化できた内容は生成ＡＩなどの技術によりロボットの制御コマンドに変換できるようになりつつあります。

このような技術により、考えるだけでロボットを動かすことができるようになり、重度の障がいのある人でも簡単に操作が可能になります。これにより、多くの人々が遠隔操作ロボットのオペレーターになることができ、その応用範囲は広がるのです。

日本も、国を挙げて遠隔操作ロボットの技術開発に力を入れています。

その代表的なプロジェクトは内閣府が進める「ムーンショットＰＪ」です。このプロジェクトでは、２０３０年までにひとつのタスクに対してひとりで10体以上のアバターを、アバター１体の場合と同等の速度、精度で操作できる技術を開発することが目標とされています。また、２０５０年までには、複数の人が遠隔操作する多数のアバターとロボットを組み合わせることで、大規模で複雑なタスクを実行するための技術を開発し、その運用基盤を構築することを目指しています。この取り組みは、日本国内外で高い関心を集めており、未来の働き方やくらし方に大きな影響を与えるでしょう。

しかし、このような技術の進化には技術面以外の課題も伴います。たとえば、社会的な受容性です。遠隔操作ロボットが普及することで、同時に複数の仕事をするなどの多様な働き方が可能になり、従来の労働スタイルや雇用のあり方がいま世の中に浸透している副業というレベルでは表現できないほど変わる可能性があります。この変化に対して、働く側、雇う側、そして、社会全体でどのように適応していくかが重要なポイントとなります。教育や職業訓練の充実を図り、新しい技術に対応できる人材の育成が求められます。

遠隔操作ロボットは今後ますます私たちの日常生活やビジネス環境に浸透していくでしょう。その進化は、新しい働き方を生み出すだけでなく、高齢者支援や災害対応など社会的課題への解決策ともなる可能性があります。私たちはこの変化を受け入れ、新しい技術と共存していく準備を整える必要があります。

このように、遠隔操作ロボットは未来への扉を開く鍵となります。その進展によって私たちの日常生活がどのように変わっていくか、一緒に築き上げていきましょう。

おわりに 一人ひとりの仕事とくらしの幸せのために

「客寄せパンダ」から「くらしのインフラ」へ

ここまで本書を読み進めていただいた読者のみなさんは、いま「ロボット」が、私たちの住む世界のあらゆるフィールドに入り込んでいるか、わかっていただけたかと思います。「人手不足」という大きな社会課題があるなかで、この流れは今後より加速していくことになるでしょう。

しかし、人手不足などマクロな課題への対応という大義や進化するＡＩといった技術的な条件が揃うだけで、社会のなかにロボットが浸透していくわけではありません。結局はミクロな視点、つまり、社会で生きる一人ひとりが、幸せに働き、幸せに暮らす社会をつくるためにロボットを活用するという想いがなければ、私たちは本当の意味でロボットを、そして、技術を使いこなすことはできないのです。

その想いを実現するための手段として、ロボットが当たり前の選択肢のひとつとして存在することができれば、ロボット業界に携わるものとしては光栄です。ロボットは決して特別な存在ではありません。「くらしのインフラ」として、あって当たり前、なくなって初めて困ると思えるくらいに社会のなかに浸透し、基盤的な存在であるべきなのです。

しかし、現在は残念ながら、あって当たり前というインフラのような存在には至っておらず、むしろ逆に「客寄せパンダ」のごとく、日常生活でロボットに出会うことは稀であり、仮に子どもたちと遭遇すれば囲まれてしまうような存在であります。

本書の初めに紹介したように、イーロン・マスクなど多くの有名な事業家が、ロボットが広く普及する社会をイメージしています。車よりも普及するという発言もありますが、現在、車の台数が約８０００万台であるの対して、ロボットの台数は掃除ロボットなどの民生用を含めても一桁小さい数百万台といったところでしょう。さらに産業用途に絞れば、もう一桁小さい数十万台というのが現実です。

このような状況から、あって当たり前という世界を作っていくためには、私たち一人ひとりが未来を創造し、社会全体としてその必要性、そして受容性を高めていく必要があるのです。

自動車産業も決して車本体を作るだけで現在のようなインフラとしてみんなに使われる存在になったわけではありません。車が走るための道路を作り、左側通行などのルールを作り、信号機などのルールを実現するデバイスを作り、免許や教習所といった運用制度を整えていったのです。そして、家庭でも学校でも、「赤信号では止まりましょう」「横断歩道は手を挙げて渡りましょう」といったリスクを低減するための教育が当たり前のようにおこなわれているのです。決して有名人が「車社会だ！」と言っただけでもなく、企業や政府が旗を振っただけではありません。

大事なのは、一人ひとりがそのメリットやリスクを十分に理解し、そのうえでどのような社会を創っていきたいのかを考えることです。

本文中でも紹介したように監修を務めた日本科学未来館のロボット常設展示では、参加者それぞれが展示体験を通して感じたことを最後に共有する場を設けています。すでに1万件以上の声が共有されているのですが、ロボットにしてほしいこと、ロボットに任せたくないことなどを聞いてみると、たとえば任せたいことには「友達をつくるのを手伝ってほしい」、任せたくないことに「自分の苦手なことをロボットにやってほしくない」といった投稿もされていました。

前者は人と人とのつながりが基本にあるなかで、それをサポートしてくれるロボットであり、後者は苦手なことでも自分でやることに意味があり、下手になってしまうのであればロボットに任せたくない、というものです。もちろん、友達ロボットがほしい、苦手なことを代わりにしてくれるロボットがほしいという人もいるでしょう。どちらが正しいという話ではありません。どちらの意見にも、ロボットがどうこうという前に「人としてどのように生きたいか」という想いがあるのです。

このような声を一つひとつ積み重ねることこそが未来の社会を創り、客寄せパンダから「くらしのインフラ」としてのロボットへ進化するために必要なことだと思っています。未来を築き上げていくのは、みなさん一人ひとりの想いであること忘れてはいけません。

本書を通して伝えたいこと

この本は、私が「ロボット」と関わり始めて約20年のあいだにさせていただいた自身のさまざまな経験、諸先輩から教えていただいた過去の事実や教訓、そして現在進行形でおこなわれている最先端の研究開発やロボットビジネスの最前線の状況をもとに、それらを私なりに整理・解釈し、今後の方向性なども含めてまとめたものになります。もちろん、世の中のすべてのロボットに関する取り組みを含めることはできておらず、不足している情報もあるかもしれません。

そのようななかでも、特に伝えたかったことは、一つひとつの個別の情報ということではなく、「この先、自動化などの技術が進化していくなかで、人とロボットはどのように共生していくのか?」ということを私たち自身が積極的に考えていかなければならないということです。

そして、もうひとつ。未来を想像し、妄想するヒントは常に、そして、すでに身近なところに見え隠れしているということです。本書を通して、現時点で見えつつある兆候に触れ、いま、そして、これからの社会について少しでも考えるきっかけになればとてもうれしく思います。

繰り返しになりますが、未来はロボットによって創られるものではありません。私たち自身が未来を選び取るのです。どのような未来が正解だという決まりはありません。幸いにも、多くの技術が進化することで、私たちが選ぶことができる未来の選択肢は増えています。どのような選択肢を選ぶのか、企業だけではなく、個人一人ひとりが考えていく必要があることは、先ほども述べた通りです。

ロボットビジネスのエコシステムには、さまざまな業種の企業や自治体、業界団体だけでなく、私たち住民も含まれています。企業としては、住民を巻き込んだうえで問いを立て、ロボットがある世界観を一緒に構築していく必要があるのです。**ロボットの社会実装は、ロボットを社会「に」実装していくのではありません。社会「と」実装をしていくのです。**

どのような社会がよいのか、まずはフィクションでもいいので、多くの妄想をし、そのうえでそれらをノンフィクションに変えていくのです。第4次ロボットブームをブームで終わらせず、「くらしのインフラ」のための第一歩としていきましょう。

私自身は「くらしのインフラ」としての可能性があるロボットについて少しでも知ってもらいたくて、これまで機会があればロボット業界の現状を積極的に発信するように心がけてきました。

そのようななかで今回、書籍というかたちでロボットビジネス全般に関してまとめて紹介する機会を頂きましたクロスメディア・パブリッシングのみなさんに感謝を申し上げます。特に、編集に携わっていただいた岡田基生さんには感謝、感謝です。専門家として凝り固まった私の視点に対して「なぜですか?」「どういう状況ですか?」と常に素直な疑問を投げかけていただいたことで、私自身もより正確に、そしてより深く業界について理解することができました。

そして、もちろん、多くのロボット業界関係者の努力の結果、本書の内容は成立しています。自分ひとりでは体験できない多くのことを、日ごろから教えていただいている大学の研究者、企業の開発者や営業のみなさん、そして、多くのユーザーの方々のおかげです。

紀元前から自動化に取り組んできた先人たちから脈々と受け継がれてきたロボット開発のＤＮＡの基本は、誰かの役に立つという精神、そして「何かが動くって素敵だよね」というものづくりの楽しさではないかと思っています。本書もそのようなロボット開発者の精神を少しでも伝えられたと工夫したつもりです。本書がロボットビジネスに興味を持つ人が増えるきっかけになれば幸いです。

最後に。執筆時間の確保に協力してくれた妻、二人の子どもたちには頭が上がりません。ありがとう！

そして、最後まで読んで頂いた読者のみなさんにも改めて感謝いたします。

2024年秋の京都の自宅にて

参考資料

〈書籍〉

・岡田美智男『〈弱いロボット〉の思考 わたし・身体・コミュニケーション』講談社、2017年

・林要『温かいテクノロジー』ライツ社、2023年

・小平紀生『産業用ロボット全史 自動化の発展から見る要素技術と生産システムの変遷』日刊工業新聞社、2023年

・尾木蔵人『決定版 インダストリー4・0 第4次産業革命の全貌』東洋経済新報社、2015年

・大谷和利『ルンバを作った男 コリン・アングル「共創力」』小学館、2020年

・吉藤健太朗『「孤独」は消せる。』サンマーク出版、2017年

・『自律走行ロボット有望5種の市場ポテンシャル分析』富士経済、2023年

〈政府・各社ホームページ〉

・農林水産省(https://www.maff.go.jp/)

・日本医療研究開発機構(https://www.amed.go.jp/)

・International Federation of Robotics (IFR) (https://ifr.org/)

・経済産業省(https://www.meti.go.jp/)

・内閣府(https://www.cao.go.jp/)

・すかいらーくグループ(https://www.skylark.co.jp/)

・Pudu Robotics（https://www.pudurobotics.com/jp）
・大阪王将（https://www.osaka-ohsho.com/）
・ソニー（https://www.sony.jp/）
・GROOVE X（https://groove-x.com/）
・パナソニックホールディングス（https://holdings.panasonic/jp/）
・Universal Robots（https://www.universal-robots.com/ja/）
・iRobot（https://www.irobot-jp.com/）
・Softbank Vision Fund（https://group.softbank/segments/svf）
・Amazon Robotics（https://www.amazon.jobs/jp/teams/amazon-robotics）
・Intuitive Surgical（https://www.intuitive.com/ja-jp）
・リモートロボティクス（https://www.remoterobotics.net/）

〈著者の関連記事〉
安藤 健／ロボット開発者　note（https://note.com/takecando）

カバーイラスト
Akimi Kawakami
カバーデザイン
金澤 浩二

[著者略歴]
安藤 健（あんどう・たけし）
ロボット開発者
早稲田大学理工学部、大阪大学医学部での教員を経て、パナソニック（現・パナソニックホールディングス）入社。ロボットの要素技術開発から事業化までの責任者のほか、グループ全体の戦略構築も行う。大阪工業大学客員教授など複数の大学での教育活動、日本機械学会・日本ロボット学会などの学会活動、経済産業省・業界団体の委員としての活動なども積極的に実施。文部科学大臣表彰（若手科学者賞）、ロボット大賞（経済産業大臣賞）、Forbes JAPAN NEXT 100など国内外での受賞多数。ロボットに関する発信や講演活動も展開中。
[HP] https://sites.google.com/site/takecando/home
[note] https://note.com/takecando

ロボットビジネス

2025年3月21日　初版発行

著　者　安藤 健

発行者　小早川幸一郎

発　行　株式会社クロスメディア・パブリッシング
〒151-0051 東京都渋谷区千駄ヶ谷4-20-3 東栄神宮外苑ビル
https://www.cm-publishing.co.jp
◎本の内容に関するお問い合わせ先：TEL（03）5413-3140／FAX（03）5413-3141

発　売　株式会社インプレス
〒101-0051 東京都千代田区神田神保町一丁目105番地
◎乱丁本・落丁本などのお問い合わせ先：FAX（03）6837-5023
service@impress.co.jp
※古書店で購入されたものについてはお取り替えできません

印刷・製本　中央精版印刷株式会社

　ISBN978-4-295-41075-1　C2034